AF473362

9 vn 7447

ASTRONOMIE NAUTIQUE LUNAIRE,

Où l'on traite de la Latitude & de la Longitude en mer, de la Période ou *Saros*, des parallaxes de la Lune avec des Tables du Nonagésime sous l'Équateur & sous les Tropiques, suivies d'autres Tables des mouvemens du Soleil & des Étoiles fixes, auxquelles la Lune sera comparée dans les voyages de long cours.

A PARIS,
DE L'IMPRIMERIE ROYALE.

M. DCCLXXI.

23328

AU ROI,

SIRE,

AYANT déjà présenté à VOTRE MAJESTÉ *l'Hiſtoire céleſte où il eſt fait mention des premiers Eſſais ſur la ſcience des Longitudes à la Mer ; j'ai rapporté ces évènemens, à juſte titre, au rétabliſſement de la Marine en France, il y a bientôt cent cinquante ans.*

J'oſe encore, SIRE, *offrir ici à* VOTRE MAJESTÉ *l'*Aſtronomie Nautique

Lunaire, *laquelle a pris ſous votre règne ſon principal accroiſſement. En vain voyons-nous aujourd'hui les efforts d'une Nation rivale; en vain voudroit-elle envahir tout ce qui concerne la ſcience des Longitudes : elle eſt réduite à des époques moins anciennes, à des routes qui deviennent infructueuſes ſi on ne les entretient pas à grands frais, & à emprunter chaque jour de ſes voiſins ſes richeſſes littéraires.*

Faudroit-il donc, pour affecter vraiment les Nations, qu'elles ne devinſſent ſages que lorſqu'elles ſont humiliées! & ne faut-il pas que plus d'harmonie entre elles ſoit la ſource du bonheur des hommes, & de cette tranquillité qui eſt la baſe des vraies productions & le reſſort du génie!

Ce tableau ſi varié d'une modération conſtante, dont VOTRE MAJESTÉ, *dans le ſein même de ſes victoires, a donné l'exemple, nous a valu,* SIRE, *des biens réels nés du calme, que l'Europe entière connoît & qu'elle eſt forcée d'admirer.*

Je ſuis avec le plus profond reſpect,

SIRE,

DE VOTRE MAJESTÉ,

Le très-humble, très-obéiſſant &
très-fidèle ſujet & ſerviteur,
LE MONNIER.

ERRATA.

Page 45, ligne 11, au lieu de Stoplerinus, *lisez* Stoplherinus.

Page 48, sixième colonne, ligne 14, au lieu de $1^d\ 27'\ 14''$ —, *lisez* 1. 27. 20 —.

Page 79, ligne 14; & page 80, lignes 14 & 21, au lieu de contre l'ordre, &c. *lisez* suivant l'ordre des signes.

ASTRONOMIE

ASTRONOMIE NAUTIQUE LUNAIRE.

PREMIÈRE PARTIE,

Où l'on donne les erreurs des Tables Lunaires des Institutions astronomiques pendant l'année 1753, pour servir à la Mer en l'année 1771.

L'ACADÉMIE des Sciences a été consultée plusieurs fois depuis trois à quatre ans sur les moyens de perfectionner la Navigation, & de rectifier sur-tout la latitude & la longitude d'un Vaisseau, par des moyens plus exacts, & incomparablement plus certains que les moyens usités & vulgaires.

Le Public est déjà instruit du progrès

A

ſingulier de l'Horlogerie dans les Montres marines qui ont mérité, à juſte titre, les éloges des Académies des Sciences & de la Société Royale d'Angleterre. M. de Charnières, Lieutenant de Vaiſſeau, a découvert pareillement, lorſqu'on ne ſongeoit uniquement qu'à perfectionner les octans de réflexion, un inſtrument beaucoup plus exact, & qui donne à la mer les diſtances de la Lune aux Étoiles, avec une préciſion qui approche de celle dont on oſe ſe flatter dans les meilleurs Obſervatoires de l'Europe.

Des ſuccès auſſi rapides, annoncés dans un temps où l'on s'en croyoit encore fort éloigné, ont mérité d'abord l'attention des Mathématiciens & de célèbres Navigateurs, que les obſtacles qui reſtent à vaincre n'étoient pas capables de rebuter. D'ailleurs il étoit naturel de réfléchir pluſieurs fois ſur les moyens qui ſembloient manquer aujourd'hui à la recherche la plus fréquente des latitudes & des longitudes à la mer. Comment doit-on y employer, avec moins de travail, ces méthodes déjà connues du plus petit nombre des Navigateurs ? Examinons d'abord l'état actuel des Écrits modernes.

Jusqu'ici l'Astronomie nautique n'avoit été considérée par M. de Maupertuis & par ses Commentateurs, que relativement aux Problèmes de la Sphère: on a même confondu, dans une édition du Traité du Pilotage de feu M. Bouguer, sa méthode de trouver la latitude, par trois hauteurs, aux environs du Méridien, avec la méthode des solstices de Halley, ce qui ne pouvoit être utile qu'aux environs des Pôles, & devient très-dangereux pour les Navigateurs, aux approches des Tropiques & de la Ligne équinoxiale. Il est donc nécessaire que l'Astronomie nautique à mesure qu'elle s'élève, & qu'elle développe successivement toutes ses branches, paroisse en meilleur état sous les yeux du Public: n'a-t-elle pas déjà bientôt acquis sa principale étendue ?

Ce fut dans cette vue qu'en l'année 1766 on se proposa de rectifier les positions des Étoiles de la première grandeur, parce qu'elles ont un mouvement réel, indépendamment de la préceſſion des Équinoxes, ce qui en change évidemment la latitude & leurs réductions annuelles en longitude & en aſcenſion droite. D'ailleurs l'Aſtronomie nautique lunaire a été tant de fois eſſayée par diverſes Tables, qui n'ajoutent rien d'aſſez évident à la théorie newtonienne, que les Marins en paroiſſent effrayés ; ſoit que la longueur des calculs ſur ces Tables les y détermine, ſoit qu'on leur ait annoncé trop légèrement plus de juſteſſe de la part de ces Tables qu'elles n'en ſont ſuſceptibles. L'Académie des Sciences, pour y remédier, a conſtamment propoſé, en ces années-ci, pour ſujet du Prix, la Théorie de la Lune, vers laquelle nous devons tendre naturellement avec le plus d'ardeur ; mais cela n'empêche pas que les Navigateurs n'emploient, avec ſuccès, à la mer, les Tables Newtoniennes, & leurs erreurs connues, à l'aide de la période de 18 ou 36 ans, &c. lorſque la diſtance de la Lune au Soleil reparoît la même, à quelques degrés près. Or les tables newtoniennes ſont encore les plus expéditives.

Comme l'on avoit proposé d'armer une Frégate d'expérience, pour le printemps 1771, voici les observations correspondantes de 1753, faites à mon quart-de-cercle mobile, & avec l'instrument des passages, que j'ai réduites & comparées aux Tables des institutions. J'avertirai qu'on avoit déjà eu soin d'avancer d'une minute, l'époque des moyens mouvemens de la Lune par ces Tables, en quoi elles diffèrent, principalement de celles de Halley : on s'y détermina à cause de l'accélération du mouvement de la Lune, dont on ne se doutoit qu'à peine au commencement de ce siècle, lorsque Gregori a commenté l'Écrit sur la Théorie de la Lune, que M. Newton lui avoit communiqué. On pourroit donc refaire une troisième fois la Table de ces époques; mais il y a d'autres équations, à commencer par les équations annuelles, que l'on connoît aujourd'hui avec plus de précision, qu'il faudroit rectifier en même temps; ce qui exigeroit une nouvelle édition de ces mêmes Tables, si ce n'est que cela se trouve compensé tous les 18 ans, par les erreurs des Tables, telle que dans la dernière colonne ci-dessous.

		TEMPS VRAI.	☾ — ⊙	ARG. ANN.
		H. M. S.	S. D. M.	S. D. M.
91.e Lunaison.	1753. 8 Mars	2. 25. 19 $\frac{1}{4}$	1.09.13	1. 17. 21 $\frac{2}{5}$
	9.	3. 15. 03 $\frac{1}{2}$	1.21.41	1. 18. 16 $\frac{1}{4}$
	10. *Au soir.*	4. 04. 27 $\frac{1}{2}$	2.04.30	1. 19. 11
	13.	6. 57. 23	3.15.09	1. 21. 56 $\frac{1}{3}$
	16.	9. 48. 57 $\frac{1}{2}$	4.27.34	1. 24. 41
	18. centre.	11. 38. 24 $\frac{1}{2}$	5.25.32 $\frac{1}{2}$	1. 26. 31
	21.	1. 24. 28 $\frac{1}{2}$	6.22.29	1. 28. 20
	22.	2. 16. 50 $\frac{1}{2}$	7.05.27 $\frac{1}{2}$	1. 29. 14 $\frac{2}{3}$
	24. *Au matin.*	4. 00. 18	8.00.25	2. 01. 03 $\frac{2}{3}$
	26.	5. 40. 27	8.24.13 $\frac{1}{2}$	2. 02. 52 $\frac{1}{2}$
	31.	9. 29. 20 $\frac{1}{2}$	10.21.17 $\frac{1}{3}$	2. 07. 23 $\frac{1}{4}$

	LONG. OBSERVÉE.	LONG. CALCULÉE.	ERREUR.
	D. M. S.	D. M. S.	M. S.
1753. 8 Mars	♉ 28.02.07 $\frac{1}{2}$	♉ 28.00.42 $\frac{1}{2}$	—1.25
9.	♉ 11.27.46 $\frac{1}{2}$	♉ 11.26.45	—1.01 $\frac{1}{2}$
10. *Au matin.*	25.09.42	25.07.04	—2.38
13.	♋ 8.06.34	♋ 8.05.09	—1.25
16.	♌ 25.37.10	♌ 25.37.05	—0.05
18.	♍ 24.08.50	♍ 24.07.51 $\frac{1}{2}$	—0.58 $\frac{1}{2}$
21.	♎ 23.36.05	♎ 23.36.15	+0.10 $\frac{1}{2}$
22.	♏ 7.43.17	♏ 7.42.23	—0.54
24. *Au soir.*	♐ 4.36.30	♐ 4.35.43	—0.47
26.	♑ 0.03.47 $\frac{1}{2}$	♑ 0.02.07 $\frac{1}{2}$	—1.40
31.	♓ 1.40.07	♓ 1.39.45	—0.22

La révolution des nœuds de la Lune eſt un peu plus longue, comme l'on ſait, que la Période de 223 lunaiſons ou *Saros;* elle eſt de $18\frac{2}{3}$ années moins 17 jours.

Au contraire, celle de l'Apogée ſe faiſant en 9 ans moins 56 jours; les deux Périodes ſont moins longues que celle du *Saros;* enfin les 223 lunaiſons de la Période, ſont cenſées, à cauſe de la nutation, commencer comme en 1764 & 1745, lorſque le nœud, rétrograde, a reparu en ♈.

La moitié de cette 91.e lunaiſon avoit été obſervée en 1735; mais les obſervations n'ont pu être faites en décours après la pleine Lune du 8 Mars, parce que l'alidade du quart-de-cercle fut démontée à deſſein de la faire ſervir, à cauſe de ſon micromètre, dans le Pérou: elle ne fut rétablie, ce vain projet ayant manqué, qu'un mois après. Voici donc les obſervations de la lunaiſon ſuivante, faites en 1753.

		TEMPS VRAI.	☾ — ☉	ARG. ANN.
		H. M. S.	S. D. M.	S. D. M.
1753 11 Avril		6. 54. 08 $\frac{1}{3}$	3. 11. 20	2. 17. 18 $\frac{1}{3}$
12.	*Au soir.*	7. 48. 56	3. 25. 18	2. 18. 12 $\frac{1}{2}$
13.		8. 42. 15	4. 09. 13	2. 19. 06 $\frac{1}{2}$
15.		10. 26. 14	5. 06. 32	2. 20. 54
16. centre.		11. 18. 56	5. 19. 49 $\frac{1}{2}$	2. 21. 48
18. centre.		0. 10. 35 $\frac{1}{2}$	6. 02. 50	2. 22. 41 $\frac{3}{4}$
92.e Lunaison. 20.	*Au matin.*	1. 56. 07 $\frac{1}{4}$	6. 27. 56 $\frac{1}{2}$	2. 24. 29 $\frac{1}{2}$
21.		2. 48. 00 $\frac{1}{4}$	7. 10. 05	2. 25. 23
23.		4. 27. 58	8. 03. 41 $\frac{1}{3}$	2. 27. 10 $\frac{1}{3}$
25.		6. 01. 56 $\frac{1}{4}$	8. 26. 43 $\frac{1}{2}$	2. 28. 57 $\frac{1}{3}$
27.		7. 30. 12	9. 19. 38 $\frac{1}{4}$	3. 00. 43 $\frac{3}{4}$

		LONG. OBSERVÉE.	LONG. CALCULÉE.	ERREUR.
		D. M. S.	D. M. S.	M. S.
1753 11 Avril		♌ 3.04.20 $\frac{1}{3}$	♌ 3.01.38	— 2.42 $\frac{1}{3}$
12.	*Au soir.*	17.55.46	17.51.59	— 3.47
13.		♍ 2.47.48	♍ 2.43.56 $\frac{1}{2}$	— 3.52
15.		♎ 2.18.12 $\frac{1}{2}$	♎ 2.15.34	— 2.36 $\frac{1}{3}$
16.		16.46.34 $\frac{1}{2}$	16.46.08 $\frac{1}{2}$	— 0.26
18.		♏ 1.00.13	♏ 1.00.15	+ 0.08
20.	*Au matin.*	28.29.44 $\frac{1}{2}$	28.28.30	— 1.14 $\frac{1}{2}$
21.		♐ 11.43.07	♐ 11.41.34	— 1.33
23.		♑ 7.15.17	♑ 7.13.42	— 1.35
25.		♒ 1.58.18	♒ 1.58.08 $\frac{1}{2}$	— 0.09 $\frac{1}{2}$
27.		26.30.55 $\frac{1}{3}$	26.32.18 $\frac{1}{2}$	+ 1.23

En 1735, le 15 Avril, la deuxième quadrature de la Lune a été obſervée ſoigneuſement à la lunette murale, relativement à *Sirius*, qui passoit presque à même hauteur, & l'on a publié, *page 33 du 1.er Livre* in-folio *des Observations de la Lune*, les ascensions droites & déclinaisons observées pour lors. Comme l'ascension droite du milieu du Ciel indique une parallaxe d'ascension droite de 19 secondes soustractive, au temps de la 1.re des deux observations, on aura comme il suit:

	TEMPS VRAI.	☾ — ☉	ARG. ANNUEL.
	H. M. S.	S. D. M.	S. D. M.
1735 15 Avril au matin.	6. 09. 10	8. 29. $52\frac{1}{5}$	3. 02. $11\frac{7}{8}$
	6. 11. $02\frac{1}{2}$	8. 29. 53	3. 02. 12
	LONG. OBSERVÉE.	LONG. CALCULÉE.	ERREUR.
	D. M. S.	D. M. S.	M. S.
	♑ 24. 43. 30	♑ 24. 42. 40	—0. 50
	24. 44. 23	24. 43. 36	—0. 47

Ainsi la 2.e quadrature de la 92.e lunaison, se trouve suffisamment vérifiée, & l'erreur des Tables est négative dans les deux cas, & diffère à peine d'un tiers de minute de l'observation, les 15 Avril 1735 & 25 Avril 1753: la diſtance de la Lune au Soleil étoit alors la même à 3 degrés près.

On trouvera à la fin de cet Ouvrage la ſuite des obſervations de l'année 1753 ; mais il eſt à propos d'inſiſter ici ſur les Tables qui doivent ſervir à rectifier la latitude du lieu où l'on obſerve, parce que c'eſt la 1.re ſuppoſition qu'on eſt obligé de faire, ſoit dans la recherche de l'heure vraie du Soleil, ſoit dans celle des longitudes à la mer par les diſtances obſervées.

Pour trouver la latitude d'un lieu, ou de tel point de l'océan où la méridienne n'eſt tracée que groſſièrement, à l'aide de la bouſſole, nos meilleurs Pilotes ſont dans l'uſage de meſurer pluſieurs fois la plus grande hauteur de l'aſtre, & de conſidérer la plus petite de toutes les diſtances au zénit, comme la meilleure diſtance & celle qui doit répondre au vrai méridien ; d'où l'on en déduit alors par les règles connues, la latitude que l'on cherche.

Mais comme le Ciel n'eſt pas toujours également ſerein, il eſt rare que l'on obſerve pour un ſeul inſtant précis, la hauteur méridienne à l'aide de la bouſſole; ſur-tout lorſqu'on ignore ſi l'on n'a pu meſurer autre choſe que la ſeule hauteur de l'aſtre, ſoit dans le plan même, ſoit aux environs du méridien; il faut donc, avant que d'en écrire les concluſions, s'y préparer, & ſavoir primitivement l'heure vraie, ſoit par les Montres marines, ſoit avec de bonnes Montres ordinaires, qu'on aura eu ſoin de régler au matin par quelques hauteurs obſervées du Soleil, s'il s'agit de cet aſtre; ou enfin par quelque hauteur orientale de la planète ou d'une Étoile, ſi c'eſt l'aſtre qu'on ſe propoſe de conſulter à ſon paſſage par le méridien, ſinon à peu de diſtance connue du plan de ce cercle.

Sous l'Équateur & ſous les Tropiques, il eſt fort dangereux, comme on le verra ci-après, de ne pas connoître ſi l'aſtre eſt au vrai méridien, ou du moins le temps écoulé entre l'obſervation qu'il a été poſſible de faire, & celle du paſſage de l'aſtre par le vrai méridien qu'aura donné le calcul des hauteurs orientales. Cela ſe reconnoît à l'inſpection des Tables ſuivantes.

TABLE des Abaissemens de l'Astre situé dans l'Équateur pour 0^h 3' & 4' avant & après le passage au Méridien.

Hauteur du Pole. Degrés.	D.	M.	S.	D.	M.	S.
0	0.	45.	00	1.	00.	00
1	0.	14.	59	0.	24.	51
2	0.	08.	10	0.	14.	09 $\frac{1}{2}$
2 $\frac{1}{2}$	0.	06.	36	0.	11.	33
3	0.	05.	32 $\frac{1}{2}$	0.	09.	44
4	0.	04.	10	0.	07.	22 $\frac{1}{2}$
5	0.	03.	21	0.	05.	55 $\frac{1}{2}$
10	0.	01.	39 $\frac{1}{2}$	0.	02.	57
15	0.	01.	06	0.	01.	57
20	0.	00.	48 $\frac{3}{4}$	0.	01.	26 $\frac{1}{2}$
23 $\frac{1}{2}$	0.	00.	40 $\frac{2}{3}$	0.	01.	12
25	0.	00.	38	0.	01.	07 $\frac{1}{2}$
30	0.	00.	30 $\frac{2}{3}$	0.	00.	53 $\frac{1}{3}$
35	0.	00.	25	0.	00.	45
40	0.	00.	21,1	0.	00.	37 $\frac{1}{2}$
45	0.	00.	17,7	0.	00.	31 $\frac{1}{2}$
Paris — 48 $\frac{5}{6}$	0.	00.	15,5	0.	00.	27 $\frac{1}{2}$
50	0.	00.	14,8	0.	00.	26 $\frac{2}{5}$
55	0.	00.	12,4	0.	00.	22
60	0.	00.	10,1	0.	00.	18
65	0.	00.	8,0	0.	00.	14 $\frac{1}{3}$
70	0.	00.	6,0	0.	00.	11 $\frac{1}{2}$
75	0.	00.	4,5	0.	00.	08 $\frac{1}{3}$
80	0.	00.	3,0	0.	00.	05 $\frac{1}{2}$
90	0	00.	0,0	0.	00.	00
	pour 0^h 3' avant ou après le midi.			pour 0^h 4'		

Les distances au zénit, lorsque le Soleil ou l'astre que l'on observe ne s'approchent pas du zénit de plus de 4 à 3 degrés, varient constamment comme les quarrés des temps; ainsi si le Pilote a pris sa hauteur ou distance au zénit, à 25 degrés de latitude le jour de l'équinoxe, & qu'ayant comparé l'instant auquel il a fait son observation avec le temps vrai, conclu des observations des hauteurs orientales, il y ait, par exemple, 5′ 00″ d'heure après midi; la règle générale pour corriger la distance au zénit, est de faire comme le quarré de 4′ est au quarré de 5′, ou bien comme 16 est à 25 : : ainsi 67″ $\frac{1}{2}$ à un 4.e terme; savoir, 105″ $\frac{1}{2}$. La hauteur que le Pilote a observée est donc trop petite de 1′ 45″ $\frac{1}{2}$: telle est la correction qu'il doit faire à 25 degrés de latitude à l'aide de la Table ci-dessus, l'astre étant dans l'équinoxial.

L'échelle logarithmique de *Gunter*, donnera facilement le 4.e terme de cette proportion, & plus facilement encore si l'échelle des nombres est double; c'est-à-dire s'il y en a une qui glisse sur l'autre comme aux règles que feu M. *Sauveur* fit exécuter aux Artistes *Sevin* & *le Bas*.

Deuxième Table des Abaissemens du Soleil à chaque minute avant & après midi sous l'Équateur.

DÉCLINAISON.	0h 01′	0h 02′	0h 03′	0h 04′
D. M.	D. M. S.	D. M. S.	D. M. S.	D. M. S.
0. 00	0. 15. 00	0. 30. 00	0. 45. 00	1. 00. 00
0. 05	0. 10. 45	0. 25. 25	0. 40. 15	0. 55. 10
0. 10	0. 07. 55	0. 21. 35	0. 36. 02½	0. 50. 50
0. 15	0. 06. 10	0. 18. 30	0. 32. 22½	0. 46. 45
0. 20	0. 04. 57½	0. 16. 00	0. 29. 12½	0. 43. 15
0. 25	0. 04. 07½	0. 14. 00	0. 26. 30	0. 40. 00
0. 30	0. 03. 30	0. 12. 22½	0. 24. 07½	0. 37. 05
0. 35	0. 03. 02½	0. 11. 02½	0. 22. 00	0. 34. 27½
0. 40	0. 02. 42½	0. 09. 57½	0. 20. 12½	0. 32. 07½
0. 45	0. 02. 22	0. 09. 02½	0. 18. 37½	0. 30. 02½
0. 50	0. 02. 10	0. 08. 17½	0. 17. 17½	0. 28. 07½
0. 55	0. 02. 00	0. 07. 37½	0. 16. 05	0. 26. 25
1. 00	0. 01. 50	0. 07. 05	0. 15. 00	0. 24. 52½
1. 10	0. 01. 34	0. 06. 08	0. 13. 12½	0. 22. 12½
1. 20	0. 01. 22	0. 05. 26	0. 11. 47	0. 20. 00
1. 30	0. 01. 14	0. 04. 50	0. 10. 35	0. 18. 10
1. 40	0. 01. 07	0. 04. 25	0. 09. 40	0. 16. 37½
1. 50	0. 01. 01	0. 04. 02	0. 08. 52	0. 15. 20
2. 00	0. 00. 55	0. 03. 40	0. 08. 10½	0. 14. 10
2. 20	0. 00. 45½	0. 03. 10	0. 07. 02½	0. 12. 19
2. 40	0. 00. 41	0. 02. 46	0. 06. 12½	0. 10. 51
3. 00	0. 00. 38	0. 02. 29	0. 05. 32½	0. 09. 44½
4. 00	0. 00. 30½	0. 01. 52½	0. 04. 11	0. 07. 22
5. 00	0. 00. 24	0. 01. 33	0. 03. 21	0. 05. 55
6. 00	0. 00. 21	0. 01. 17	0. 02. 48	0. 04. 56½

Les déclinaiſons du Soleil, boréales ou auſtrales, ne s'étendent ici que juſqu'à ſix degrés, & cette Table ne ſert uniquement qu'à ceux qui ſont dans le cas de paſſer la ligne équinoxiale. *Voyez ci-après, pour les autres déclinaiſons du Soleil.*

Il eſt aiſé d'apercevoir que juſqu'à 3 degrés de diſtance du Soleil au zénit, la loi de progreſſion doit être attentivement obſervée, s'il s'agit d'interpoler pour les temps intermédiaires. Car, puiſque ſous l'Équateur, la déclinaiſon du Soleil étant o degrés, *les diſtances au zénit ſont proportionnelles aux temps ;* mais qu'au-delà de 3 degrés de diſtance au zénit, elles ſont conſtamment proportionnelles *aux quarrés des temps ;* il s'enſuit que juſqu'à 3 degrés de diſtance au zénit, aucune loi générale ne ſauroit avoir lieu, & qu'il faut ainſi recourir à la voie de l'interpolation pour tout autre temps intermédiaire.

Suite de la première Table, l'Astre étant situé à 23 degrés 28 ⅓ min. de l'Équateur, pour 0h 3' avant & après le passage au Méridien.

Hauteur du Pôle.		
0d	0h 00' 41" ¼	0d 00' 41" ¼
5	0. 00. 51 ½	0. 00. 34
10	0. 01. 08 ⅗	0. 00. 29
12 ½	0. 01. 23 ⅓	0. 00. 27 ¼
15	0. 01. 46 ¼	0. 00. 25 ½
17 ½	0. 02. 28 ⅔	0. 00. 24
20	0. 04. 09 ½	0. 00. 22 ⅓
21	0. 05. 44 ¼	0. 00. 21 ¾
22	0. 09. 16	0. 00. 21 ¼
23	0. 21. 57 ⅔	0. 00. 20 ¾
23 ½	0. 41. 17	0. 00. 20 ½
24	0. 20. 33 ½	0. 00. 20 ⅓
25	0. 08. 46 ½	0. 00. 20
30	0. 02. 03 ½	0. 00. 17 ⅓
35	0. 01. 06	0. 00. 16
40	0. 00. 43 ½	0. 00. 14
45	0. 00. 31	0. 00. 12 ½
48 ⅚	0. 00. 24 ⅔	0. 00. 11 ½
50	0. 00. 24	0. 00. 11 ⅓
55	0. 00. 19 ⅓	0. 00. 09 ½
60	0. 00. 13 ⅓	0. 00. 08
65	0. 00. 10	0. 00. 07
70	0. 00. 07 ½	Sous l'horizon, cette 2.e Table étant pour la fin de l'automne.
75	0. 00. 05	
80	0. 09. 03 ¼	
90	0. 00. 00	

Cette

Cette Table fait voir que ſous l'un ou l'autre tropique, l'erreur de 3 minutes de temps, avant ou après midi, entraîneroit dans la hauteur méridienne 41′ 17″ d'erreur, lorſque le Soleil parvient au zénit, au lieu de 45 minutes qu'on trouve, *page précédente*, ſous l'Équateur, aux jours des équinoxes.

Diverſes Tables dans l'étendue des Tropiques, & lorſqu'aux zones tempérées le Soleil parvient à ſa plus grande hauteur méridienne.

Abaiſſemens pour 3 minutes avant ou après midi.

LAT.	ABAISS.	DÉCLIN.	LAT.	ABAISS.	DÉCLIN.	LAT.	ABAISS.	DÉCLIN.
D.	M. S.	D.	D.	M. S.	D.	D.	M. S.	D.
00	0. 48	— 20	00	1. 06½	— 15	00	01.40	— 10
10	0. 50	— 10	10	1. 07	— 05	05	01. 41	— 05
20	0. 48½	00	15	1. 06	00	10	01. 39	00
23½	0. 46	03½	20	1. 03½	05	20	01. 34	10
43½	0. 34	23½	23½	1. 01	08½	23½	01. 30½	13½
Cette dernière pour 70 degrés de hauteur du Soleil à midi.			38½	0. 49½	23½	33½	01. 17	23½
			Celle-ci 75 degrés à midi.			Celle-ci 80 degrés à midi.		

Suite des Tables d'Abaissemens, &c.

LAT.	ABAISS.	DÉC.	LAT.	ABAISS.	DÉC.	LAT.	ABAISS.	DÉC.
D.	*M. S.*	*D.*	*D.*	*M. S.*	*D.*	*D.*	*M. S.*	*D.*
00	3.21	5	00	04. 11	04	00	05.32½	03
05	3.21	00	05	04. 10½	01	05	05.30	02
10	3.18	05	10	04. 06	06	10	05.25½	07
20	3.05	15	20	03. 46⅔	16	20	04.59	17
23½	2.56	18½	23½	03. 38	19½	23½	04.45½	20½
28½	2.42	23½	27½	03. 23½	23½	26½	04.34½	23½
Celle-ci 85ᵈ à midi.			Celle-ci 86ᵈ à midi.			Celle-ci 87ᵈ à midi.		

Suite des Tables d'Abaissemens, &c.

LAT.	ABAISS.	DÉC.	LAT.	ABAISS.	DÉC.	LAT.	ABAISS.	DÉC.
D.	*M. S.*	*D.*	*D.*	*M. S.*	*D.*	*D.*	*M. S.*	*D.*
00	08.10	02	00	15.00	01	00	45.00	00
05	08.05	03	05	14.53	04	05	44.50	05
10	07.53½	08	10	14.42	09	10	44.19	10
20	07.18	18	20	13.15	19	15	43.28	15
23½	07.01	21½	23½	12.57½	21½	20	42.17½	20
25½	06.47½	23½	24½	12.47½	23½	23½	41.17	23½
Celle-ci 88ᵈ à midi.			Celle-ci 89ᵈ à midi.			Le Soleil au zénit.		

En 1767, le 18 Août, j'ai lû un Écrit à l'Assemblée de l'Académie, qui a donné lieu à d'autres recherches, publiées depuis sur la question suivante. Trois hauteurs du Soleil, ou d'un astre quelconque, étant données aux environs de son passage au méridien, avec le temps écoulé, trouver la plus grande hauteur méridienne & la latitude du lieu de l'obſervation. D'abord il fut rappelé que dans le Traité de Navigation, publié par M. Bouguer en 1754, l'Auteur s'élevoit contre ces méthodes indirectes; mais y ayant plus réfléchi, on voit bientôt qu'elles n'étoient praticables tout au plus que dans la zone glaciale. J'ai pris pour exemple le jour de l'équinoxe, en ſuppoſant qu'à 11^h, à $11^h \frac{1}{4}$ & à $11^h \frac{1}{2}$, on y avoit obſervé la hauteur du Soleil ſur l'horizon; que le ciel s'étant couvert à midi, il falloit de ces trois hauteurs, avec le temps écoulé, qu'on ſuppoſe égal dans les deux cas, en conclure quelle auroit dû être la hauteur méridienne. Or, en adoptant la règle indiquée dans un abrégé de ce Traité de Navigation, publié à la hâte après la mort de l'Auteur, en 1760; l'on courroit déjà riſque ſous le tropique, de commettre une erreur de $25 \frac{1}{2}$ minutes dans la latitude requiſe. Cet examen donna donc lieu à la conſtruction des Tables précédentes, à l'aide deſquelles, par des opérations plus ſimples, il ſera facile d'en conclure très-exactement la hauteur méridienne, toutes les fois qu'il aura été poſſible d'apercevoir un aſtre proche le premier vertical à l'orient, & aux environs du plan du méridien, le Soleil n'ayant pas été vu à midi.

Une de ces Tables parut imprimée l'année ſuivante, au Louvre, dans un appendix à la ſeconde édition du Mémoire de M. d'Après, ſur la navigation aux Indes orientales; on commençoit d'ailleurs à connoître, pour meſurer les temps écoulés, l'excellence des Montres marines, qui ne peuvent errer ſenſiblement en 4 à 5 heures.

Cette digreſſion ſur la recherche de la latitude en mer, méritoit aſſurément d'avoir place ici, quoiqu'on eût déjà averti dans les additions au Traité du Pilotage de *Coubard*, publié en 1766, que le problème le moins uſité juſqu'ici dans la Navigation, celui des ſix règles du pilotage, qui donne la latitude lorſqu'on connoît la différence en longitude parcourue, avec le ſillage ou le rhumb de vent, ſembloit mériter aujourd'hui une attention singulière ; sur-tout aux attérages, lorsqu'il n'est pas possible quelquefois de voir le Soleil à midi, ni aux environs du plan du méridien.

Considérations sur le Calcul de l'Angle Parallactique.

Pour abréger désormais les longs calculs de l'angle parallactique, & de la hauteur du nonagésime, il y a long-temps qu'on a averti que les Tables générales en avoient été publiées. Nous en avons quelqu'obligation à l'Astrologie judiciaire, qui comptoit pour la dixième maison céleste le point où l'écliptique coupe le méridien, ce qui d'abord en indique l'usage à ceux qui se sont procuré une copie de ces Tables, telles qu'on les trouve, par exemple, dans Regiomontanus, commenté par Henrion, ou plutôt dans l'*Uranoscopia*, publié à Londres en 1735.

Ces Tables générales s'étendent de 4 en 4 degrés, &c. & par toutes les latitudes, depuis l'Équateur jusqu'au Cercle polaire. A la vérité, celles qu'on trouve dans le dernier ouvrage dont on vient de parler, ſont calculées pour l'obliquité de l'écliptique, 23^d $29'$. Nous la ſuppoſons aujourd'hui $0' \frac{2}{3}$ plus petite, avec une variation périodique de $9''$, alternative en excès comme en défaut, laquelle ſe rétablit tous les 18 ans, ſelon que le nœud aſcendant de la Lune ſe trouve parvenu en ♈ ou en ♎.

En 1672 & 1673, Richer meſura en l'île Caïenne, avec un grand ſecteur, le double de l'intervalle de l'obliquité de l'écliptique, dont la moitié étoit 23^d $28'$ $48''$: le nœud de la Lune étoit pour lors en ♈, & l'obliquité trop grande de $9''$.

Semblablement au Pérou, en 1736 & 1737, avec un ſecteur encore plus grand, la diſtance des tropiques fut déterminée, dont la moitié étoit 23^d $28'$ $30''$, ce qui donne 23^d $28'$ $39''$, ſi l'on y ajoute les $9''$ de nutation, le nœud de la Lune étant pour lors en ♎; de manière que l'erreur des obſervations, quoique partagée par moitié, auroit conſpiré pendant les deux tiers d'un ſiècle, à donner l'obliquité moyenne de l'écliptique conſtante ; ſavoir, de $23^d\ 28'$ $39''$. M.rs les Officiers Eſpagnols ont déjà publié une Table pour $23^d\ 28'\ 00''$.

Ce n'eſt pas ici le lieu de diſcuter amplement cette matière, mais nous trouvons aſſurément l'obliquité moyenne de l'écliptique tant ſoit peu plus petite aujourd'hui ; la réfraction, il eſt vrai, étant en hiver variable en Europe, en ſorte que nous ne voyons que trop la néceſſité d'avoir des Tables du nonagéſime plus exactes en certains cas, qu'en admettant $23^d\ 29'$ pour la diſtance des pôles : on les a conſtruites d'ailleurs ſous une forme plus commode ; l'aſcenſion droite du milieu du Ciel étant uniquement donnée par l'heure obſervée à la mer. Il faut donc qu'aujourd'hui l'on puiſſe ſavoir à chaque inſtant la hauteur ſur l'horizon, & la diſtance du nonagéſime degré à l'égard du méridien, par toutes les latitudes, depuis l'Équateur, juſqu'à des latitudes au moins auſſi grandes que celles de Paris & de Londres. Dans le Syſtème complet d'Aſtronomie, & dans l'*Uranoſcopia*, on trouve déjà le détail des

Tables du nonagésime, qui convient à la latitude de Londres, mais avec une distance des pôles plus petite; on trouve, dans la Connoissance des Temps de 1768, celles que M. Hombrom a calculées pour Paris. En voici d'autres pour l'Équateur & les tropiques, & l'on s'en est tenu à une obliquité de l'écliptique, un peu plus petite, selon les suppositions admises par les Officiers Espagnols, qui ont acompagné au Pérou, les Académiciens envoyés par le Roi en 1735. Une preuve qu'ils ne l'admettoient pas encore pour les années suivantes de 23^d 28', c'est que dans leur Table de déclinaison, ils donnent l'équation pour une obliquité de l'écliptique ou distance des pôles plus grande. Les Tables construites pour la latitude de Paris, & qui admettent la distance des pôles 23^d 28' $\frac{1}{4}$, auroient besoin d'une pareille équation; à moins qu'on ne les compare, en interpolant avec les anciennes, construites pour 23^d 29' 00".

Dans le dessein formé il y a quelques années, d'achever les Tables du nonagésime, dans toute l'étendue des zones torrides & tempérées, on avoit déjà construit la Table suivante, qui est destinée à d'autres usages que celles des Auteurs Espagnols. Cette Table & les deux qui l'accompagnent seront utiles pour toutes les latitudes; car avant que de calculer la distance au zénit du nonagésime, & sa distance au méridien pour une hauteur du pôle quelconque, il faut connoître d'abord tout ce qui concerne les points de l'écliptique qui correspondent à l'ascension droite du milieu du Ciel. Or les élémens de la sphère nous indiquent trois quantités à résoudre relativement aux points de l'écliptique, qui se trouvent dans le méridien; savoir, la *déclinaison* boréale ou australe, la *longitude* & l'*angle* que forme ce grand cercle avec le méridien : cela est commun, comme on vient de le dire, à toutes les latitudes géographiques. On pourra donc s'en aider, si l'on veut chercher, indépendamment des autres Tables du nonagésime, les distances, soit à l'égard du zénit, soit à l'égard du méridien; car il suffiroit de résoudre uniquement un triangle rectangle sphérique dont il s'agit de découvrir l'hypothénuse & un côté, en y employant ce qui est donné par les trois Tables générales, dont il a fallu d'abord déduire la distance méridienne de l'écliptique au zénit du lieu, & celle de ce même point de l'écliptique à un autre qui correspond à la Lune dont on connoît la longitude vraie par supposition. On insiste ici déjà sur cette supposition forcée, parce que la méthode des fausses positions, quoiqu'indirecte, n'en est pas moins exacte en Arithmétique : il faut bien que le Navigateur qui cherche la longitude orientale ou occidentale de son Vaisseau, sache déjà, à quelques degrés près, le lieu qu'il occupe sur l'océan; afin que par l'observation du lieu de la Lune, il parvienne à le connoître avec exactitude.

TABLE *générale de la déclinaison des Points de l'Écliptique qui répondent à l'Ascension droite du milieu du Ciel.*

ASC. droite.	O. SIGNES. VI.	I. SIGNES. VII.	II. SIGNES. VIII.	ASC. droite.
Deg.	D. M. S.	D. M. S.	D. M. S.	Deg.
0	0. 00. 00	12. 14. 48	20. 36. 15 ½	30
1	0. 26. 02½	12. 36. 12+	20. 47. 28 ½	29
2	0. 52. 05	12. 57. 19½	20. 58. 19 ½	28
3	1. 18. 06	13. 18. 10	21. 08. 48 ½	27
4	1. 44. 04½	13. 38. 43	21. 18. 54	26
5	2. 10. 00½	13. 58. 57½	21. 28. 37	25
6	2. 35. 53½	14. 18. 53	21. 37. 58	24
7	3. 01. 42½	14. 38. 30	21. 46. 56	23
8	3. 27. 26½	14. 57. 49+	21. 55. 31	22
9	3. 53. 06	15. 16. 49½	22. 03. 43 ⅓	21
10	4. 18. 40	15. 35. 30—	22. 11. 33	20
11	4. 44. 07	15. 53. 51	22. 18. 00	19
12	5. 09. 26½	15. 11. 52	22. 26. 04	18
13	5. 34. 38½	16. 29. 32	22. 32. 45	17
14	5. 59. 42½	16. 46. 53¼	22. 39. 03 ½	16
15	6. 24. 38½	16. 03. 53½	22. 44. 59	15
16	6. 49. 25½	17. 20. 33	22. 50. 31 ½	14
17	7. 14. 01½	17. 36. 52	22. 55. 41 ½	13
18	7. 38. 26+	17. 52. 49⅔	23. 00. 28 —	12
19	8. 02. 40	18. 08. 26	23. 04. 51 ½	11
20	8. 26. 43½	18. 23. 41 ½	23. 08. 52+	10
21	8. 50. 35	18. 38. 35½	23. 12. 30	9
22	9. 14. 13	18. 53. 07½	23. 15. 45	8
23	9. 37. 38	19. 07. 18	23. 18. 37½	7
24	10. 00. 49	19. 21. 07	23. 21. 07—	6
25	10. 23. 46½	19. 34. 33½	23. 23. 13 ½	5
26	10. 46. 29½	19. 47. 38	23. 24. 57	4
27	11. 08. 57½	20. 00. 20½	23. 26. 17½	3
28	11. 31. 10+	20. 12. 41	23. 27. 14+	2
29	11. 53. 07	20. 24. 39½	23. 27 48½	1
30	12. 14. 48	20. 36. 15½	23. 28. 00	0
Deg.	XI. SIGNES. V.	X. SIGNES. IV.	IX. SIGNES III.	Deg.

TABLE générale de la Longitude sur l'Écliptique qui répond à l'Ascension droite du milieu du Ciel.

ASCENS. droite.	LONGITUDE.	DIFFÉRENCES premières.	DIFFÉR. secondes.	LONGITUDE.	ASCENS. droite.
D.	D. M. S.	D. M. S.	M. S.	D. M. S.	D.
00	0. 00. 00	4. 21. 33⅔		360. 00. 00	360
04	4. 21. 33⅔	4. 21. 05	0. 28⅓	355. 38. 26⅓	356
08	8. 42. 38⅔	4. 20. 09	0. 55½	351. 17. 21⅓	352
12	13. 02. 48	4. 18. 45⅓	1. 24	346. 57. 12	348
16	17. 21. 33⅓	4. 17. 00	1. 45½	352. 38. 26⅔	344
20	21. 38. 33⅓	4. 14. 52½	2. 07½	338. 21. 26½	340
24	25. 53. 26—	4. 12. 29½	2. 23	334. 06. 34	336
28	30. 05. 55½	4. 09. 51½	2. 38	329. 54. 04½	332
32	34. 15. 47	4. 07. 05—	2. 47	325. 44. 13	328
36	38. 22. 51¼	4. 04. 12—	2. 53	321. 37. 08	324
40	42. 27. 03⅓	4. 01. 17	2. 55½	317. 32. 56½	320
44	46. 28. 20½	3. 58. 23⅔	2. 53⅓	313. 31. 39⅔	316
48	50. 26. 44	3. 55. 35½	2. 48	309. 33. 16	312
52	54. 22. 19½	3. 52. 55	2. 40½	305. 37. 40½	308
56	58. 15. 14½	3. 50. 25+	2. 30	301. 44. 45½	304
60	62. 05. 39⅔	3. 48. 08—	2. 17	297. 54. 20⅓	300
64	65. 53. 47½	3. 46. 06	2. 02	294. 06. 12½	296
68	69. 39. 53½	3. 44. 19	1. 47	290. 20. 06½	292
72	73. 24. 12½	3. 42. 51	1. 28	286. 35. 47½	288
76	77. 07. 03⅓	3. 41. 41	1. 10	282. 52. 56⅔	284
80	80. 48. 44½	3. 40. 51—	0. 50	279. 11. 15½	280
84	84. 29. 35	3. 40. 20	0. 31	275. 30. 25	276
88	88. 09. 55	3. 40. 10	0. 10	271. 50. 05	272

Suite de la Table générale de la Longitude sur l'Écliptique, &c.

ASCENS. droite.	LONGITUDE.	DIFFÉRENCES premières.	DIFFÉR. secondes.	LONGITUDE.	ASCENS. droite.
D.	D. M. S.	D. M. S.	M. S.	D. M. S.	D.
90	90. 00. 00			270. 00. 00	270
92	91. 50. 05	3. 40. 10	0. 10	268. 09. 55	268
96	95. 30. 25	3. 40. 20	0. 30½	264. 29. 35	264
100	99. 11. 15½	3. 40. 50½	0. 50½	260. 48. 44½	260
104	102. 52. 56⅔	3. 41. 41	1. 10	257. 07. 03⅓	256
108	106. 35. 47⅓	3. 42. 51	1. 28	253. 24. 12½	252
112	110. 20. 06½	3. 44. 19	1. 47	249. 39. 53⅓	248
116	114. 06. 12½	3. 46. 06	2. 02	245. 53. 47½	244
120	117. 54. 20⅓	3. 48. 08	2. 17	242. 05. 39⅓	240
124	121. 44. 45⅓	3. 50. 25+	2. 30	238. 15. 14½	236
128	125. 37. 40½	3. 52. 55	2. 40½	234. 22. 19½	232
132	129. 33. 16	3. 55. 35½	2. 48+	230. 26. 44	228
136	133. 31. 39⅔	3. 58. 23⅔	2. 53⅓	226. 28. 20½	224
140	137. 32. 56½	4. 01. 17—	2. 54½	222. 27. 03½	220
144	141. 37. 08+	4. 04. 11½	2. 53⅓	218. 22. 51¾	216
148	145. 44. 13	4. 07. 05—	2. 46½	214. 15. 47	212
152	149. 54. 04½	4. 09. 51½	2. 38	210. 05. 55½	208
156	154. 06. 34+	4. 12. 29½	2. 23	205. 53. 26	204
160	158. 21. 26⅓	4. 14. 52½	2. 07½	201. 38. 33⅔	200
164	162. 38. 26½	4. 17. 00	1. 45½	197. 21. 33½	196
168	166. 57. 12	4. 18. 45⅓	1. 24	193. 02. 48	192
172	171. 27. 21⅓	4. 20. 09⅓	0. 55⅓	188. 42. 38⅔	188
176	175. 38. 26⅓	4. 21. 05	0. 28⅔	184. 21. 33⅔	184
180	180. 00. 00	4. 21. 33⅔		180. 00. 00	180

TABLE générale de l'Angle de l'Écliptique avec le Méridien, pour 23d 28′ 00″ de distance des Pôles.

ASCENS. droite du milieu du Ciel.	ANGLE de L'ÉCLIPTIQUE.	DIFFÉRENCES communes.	Seconde DIFFÉR.	ASCENS. droite du milieu du Ciel.
Équateur.	D. M. S.	D. M. S.	M. S.	Équateur.
0d	66. 32. 00	0. 03. 38	7. 14	360d
4	66. 35. 38	0. 10. 52 +	7. 11	356
8	66. 46. 30½	0. 18. 03	7. 00	352
12	67. 04. 33½	0. 25. 03	6. 51	348
16	67. 29. 36½	0. 31. 54	6. 36½	344
20	68. 01. 30½	0. 38. 30½	6. 21	340
24	68. 40. 01	0. 44. 51½	6. 02½	336
28	69. 24. 52½	0. 50. 54	5. 42	332
32	70. 15. 46½	0. 56. 36	5. 21	328
36	71. 12. 22½	1. 01. 57	4. 59 —	324
40	72. 14. 19½	1. 06. 56 —	4. 34½	320
44	73. 21. 15½	1. 11. 31 +	4. 13 —	316
48	74. 32. 46 +	1. 15. 44	3. 47	312
52	75. 48. 30	1. 19. 31	3. 22½	308
56	77. 08. 01 —	1. 22. 53½	2. 59½	304
60	78. 30. 54½	1. 25. 53	2. 35	300
64	79. 56. 47½	1. 28. 28	2. 10	296
68	81. 25. 15½	1. 30. 38	1. 46½	292
72	82. 55. 53½	1. 32. 24½	1. 23	288
76	84. 28. 18 +	1. 33. 47½	0. 59	284
80	86. 02. 05½	1. 34. 46½	0. 35	280
84	87. 36. 52 —	1. 35. 21½	0. 11½	276
88	89. 12. 13½	1. 35. 33		272

Suite de la Table de l'angle de l'Écliptique avec le Méridien.

ASCENS. droite du milieu du Ciel.	ANGLE de L'ÉCLIPTIQUE.	DIFFÉRENCES communes.	Seconde DIFFÉR.	ASCENS. droite du milieu du Ciel.
Équateur.	D. M. S.	D. M. S.	M. S.	Équateur.
92d	90. 47. 46 ½			268d
96	92. 23. 08 +	1. 35. 21 ½	0. 11 ½	264
100	93. 57. 54 ½	1. 34. 46 ½	0. 35	260
104	95. 31. 42 ½	1. 33. 47 ½	0. 59	254
108	97. 04. 06 ½	1. 32. 24 ½	1. 23	250
112	98. 34. 44 ½	1. 30. 38	1. 46 ½	246
116	100. 03. 12 ½	1. 28. 28	2. 10	242
120	101. 29. 05 ½	1. 25. 53	2. 35	238
124	102. 51. 59 +	1. 22. 54 —	2. 59 —	234
128	104. 11. 30	1. 19. 31	3. 23 —	230
132	105. 27. 14 —	1. 15. 44	3. 47	226
136	106. 38. 44 ½	1. 11. 30 ½	4. 13 ½	222
140	107. 45. 40 ½	1. 06. 56 ½	4. 34	218
144	108. 47. 37 ½	1. 01. 57	4. 59 ½	214
148	109. 44. 13 ½	0. 56. 36	5. 21	210
152	110. 35. 07 ½	0. 50. 54	5. 42	206
156	111. 19. 59	0. 44. 51 ½	6. 02 ½	204
160	111. 58. 29 ½	0. 38. 30 ½	6. 21	200
164	112. 30. 23 ½	0. 31. 54	6. 36 ½	196
168	112. 55. 26 ½	0. 25. 03	6. 51	192
172	113. 13. 29 ⅔	0. 18. 03	7. 00	188
176	113. 24. 22 ⅔	0. 10. 52 +	7. 11	184
180	113. 28. 00	0. 03. 38	7. 14	180

TABLE de la Longitude du Nonagésime sous l'Équateur ou 0^d de Latitude, pour 23^d 28′ 00″ de distance des Pôles.

MILIEU du CIEL. H. M.	LONGITUDE du NONAGÉSIME. D. M. S.	DIFFÉRENCES communes. D. M. S.	LONGITUDE du NONAGÉSIME. D. M. S.	MILIEU du CIEL. H. M.
O. 00	0. 00. 00		360. 00. 00	XXIV. 00
16	3. 40. 13½	3. 40. 13½	356. 19. 46½	44
32	7. 20. 46—	3. 40. 32—	352. 39. 14	XXIII. 28
48	11. 01. 59+	3. 41. 13½	348. 58. 01	12
I. 04	14. 44. 13	3. 42. 14	345. 15. 47	56
20	18. 27. 45—	3. 43. 32	341. 32. 15+	40
36	22. 12. 55	3. 45. 10	337. 47. 05	24
52	26. 00. 00	3. 47. 05	334. 00. 00	XXII. 08
II. 08	29. 49. 15	3. 49. 15	330. 10. 45	52
24	33. 40. 53½	3. 51. 38½	326. 19. 06½	36
40	37. 35. 07½	3. 54. 14	322. 24. 52½	20
56	41. 32. 06½	3. 56. 59	318. 27. 53½	XXI. 14
III. 12	45. 31. 56+	3. 59. 50—	314. 28. 04	48
28	49. 34. 41—	4. 02. 44½	310. 25. 19+	32
44	53. 40. 19	4. 05. 38	306. 19. 41	16
00	57. 48. 48	4. 08. 29	302. 11. 12	XX. 00
IV. 16	61. 59. 59+	4. 11. 11	298. 00. 01—	44
32	66. 13. 43	4. 13. 44	293. 46. 17	28
48	70. 29. 42	4. 15. 59	289. 30. 18	XIX. 12
V. 04	74. 47. 38—	4. 17. 56	285. 12. 22	56
20	79. 07. 08½	4. 19. 30½	280. 52. 51½	40
36	83. 27. 48½	4. 20. 40	276. 32. 11½	24
52	87. 49. 11½	4. 21. 23	272. 10. 48½	XVIII. 08

Suite

Suite de la Table de Longitude du Nonagésime sous l'Équateur.

MILIEU du CIEL.		LONGITUDE du NONAGÉSIME.	DIFFÉRENCES communes.	LONGITUDE du NONAGÉSIME.	MILIEU du CIEL.	
H.	M.	D. M. S.	D. M. S.	D. M. S.	H.	M.
VI.	00	90. 00. 00		270. 00. 00		00
	08	92. 10. 48½	4. 21. 37	267. 49. 11½	XVIII.	52
	24	96. 32. 11½	4. 21. 23	263. 27. 48½		36
	40	100. 52. 51½	4. 20. 40	259. 07. 08½		20
	56	105. 12. 22+	4. 19. 30½	254. 47. 38—	XVII.	04
VII.	12	109. 30. 18	4. 17. 56	250. 29. 42		48
	28	113. 46. 17	4. 15. 59	246. 13. 43		32
	44	118. 00. 01—	4. 13. 44	241. 59. 59+		16
VIII.	00	122. 11. 12	4. 11. 11	237. 48. 48	XVI.	00
	16	126. 19. 41	4. 08. 29	233. 40. 19		44
	32	130. 25. 19+	4. 05. 38	229. 34. 41—		28
	48	134. 28. 04	4. 02. 45	225. 31. 56+	XV.	12
IX.	04	138. 27. 53½	3. 59. 49½	221. 32. 06½		56
	20	142. 24. 52½	3. 56. 59	217. 35. 07		40
	36	146. 19. 06½	3. 54. 14	213. 40. 53½		24
	52	150. 10. 45	3. 51. 38½	209. 49. 15	XIV.	08
X.	08	154. 00. 00	3. 49. 15	206. 00. 00		52
	24	157. 47. 05	3. 47. 05	202. 12. 55		36
	40	161. 32. 15+	3. 45. 10	198. 27. 45—		20
	56	165. 15. 47	3. 43. 32	194. 44. 13	XIII.	04
XI.	12	168. 58. 01—	3. 42. 14—	191. 01. 59+		48
	28	172. 39. 14+	3. 41. 13½	187. 20. 46—		32
	44	176. 19. 46½	3. 40. 32	183. 40. 13½		16
XII.	00	180. 00. 00	3. 40. 13½	180. 00. 00	XII.	00

TABLE de la distance au Zénit du Nonagésime pour 0^d de Latitude & 23^d 28′ 00″. de distance des Pôles.

MILIEU du CIEL.		DISTANCE au ZÉNIT.	DIFFÉRENCES premières.	DIFFÉR. secondes.	MILIEU du CIEL.	
H.	M.	D. M. S.	D. M. S.	M. S.	H.	M.
O.	00	0. 00. 00			XXIV.	00
	16	1. 35. 30½	1. 35. 30½			44
	32	3. 10. 36½	1. 35. 06—	0. 24½		28
	48	4. 44. 56½	1. 34. 20+	0. 45½	XXIII.	12
I.	04	6. 18. 07	1. 33. 10½	1. 09½		56
	20	7. 49. 40	1. 31. 33	1. 37½		40
	36	9. 19. 16	1. 29. 36	1. 57		24
	52	10. 46. 26	1. 27. 10	2. 26	XXII.	08
II.	08	12. 10. 52	1. 24. 26	2. 44		52
	24	13. 32. 12—	1. 21. 20	3. 06		36
	40	14. 49. 51+	1. 17. 39½	3. 40½		20
	56	16. 03. 31½	1. 13. 40½	3. 59	XXI.	04
III.	12	17. 12. 48	1. 09. 16+	4. 24+		48
	28	18. 17. 18	1. 04. 30	4. 46+		32
	44	19. 16. 37½	0. 59. 19½	5. 10½		16
IV.	00	20. 10. 24½	0. 53. 47	5. 32½	XX.	00
	16	20. 58. 19	0. 47. 54½	5. 52½		44
	32	21. 40. 02½	0. 41. 43½	6. 11½		28
	48	22. 15. 17	0. 35. 14½	6. 29	XIX.	12
V.	04	22. 43. 47½	0. 28. 30½	6. 44		56
	20	23. 05. 21+	0. 21. 34—	6. 57		40
	36	23. 19. 52—	0. 14. 30½	7. 03½		24
	52	23. 27. 06	0. 07. 14	7. 16½	XVIII.	08

Suite de la Table de la distance au Zénit du Nonagésime, &c.

MILIEU du CIEL.		DISTANCE au ZÉNIT.	DIFFÉRENCES premières.	DIFFÉR. secondes.	MILIEU du CIEL.	
H.	*M.*	*D. M. S.*	*D. M. S.*	*M. S.*	*H.*	*M.*
VI.	08	23. 27. 06			XVIII.	52
	24	23. 19. 52—	0. 07. 14			36
	40	23. 05. 21+	0. 14. 30½	7. 16½		20
	56	22. 43. 47½	0. 21. 34—	7. 03½	XVII.	04
VII.	12	22. 15. 17	0. 28. 30½	6. 57		48
	28	21. 40. 22½	0. 35. 14½	6. 44		32
	44	20. 58. 19	0. 41. 43½	6. 29		16
VIII.	00	20. 10. 24½	0. 47. 54½	6. 11	XVI.	00
	16	19. 16. 37½	0. 53. 47	5. 52½		44
	32	19. 17. 18	0. 59. 19½	5. 32½		28
	48	17. 12. 48	1. 04. 30	5. 10½	XV.	12
IX.	04	16. 03. 31½	1. 09. 16+	4. 46		56
	20	14. 49. 51+	1. 13. 40½	4. 24		40
	36	13. 32. 12—	1. 17. 39½	3. 59		24
	52	12. 10. 52	1. 21. 20	3. 40½	XIV.	08
X.	08	10. 46. 26	1. 24. 26	3. 06		52
	24	9. 19. 16	1. 27. 10	2. 44		36
	40	7. 49. 40	1. 29. 36	2. 26		20
	56	6. 18. 07	1. 31. 33	1. 57	XIII.	04
XI.	12	4. 44. 56½	1. 33. 10½	1. 37½		48
	28	3. 10. 36⅔	1. 34. 20+	1. 09½		32
	44	1. 35. 28	1. 35. 06—	0. 45½		16
XII.	00	0. 00. 00	1. 35. 30½	0. 24½	XII.	00

TABLE de la Longitude du Nonagésime sous les Tropiques, par 23d 28' 00" de hauteur du Pôle.

Milieu du Ciel.	LONGITUDE du NONAGÉSIME.	DIFFÉRENCES.	LONGITUDE du NONAGÉSIME.	DIFFÉRENCES.	Milieu du Ciel.
Dég.	D. M. S.	D. M. S.	D. M. S.	D. M. S.	Dég.
00	9. 48. 29—	3. 32. 56	369. 48. 29	3. 34. 43½	360
04	13. 21. 25	3. 31. 32½	366. 13. 45½	3. 36. 55½	356
08	16. 52. 57½	3. 30. 30	362. 36. 50	3. 39. 33	352
12	20. 23. 27½	3. 29. 46	358. 57. 17	3. 42. 36½	348
16	23. 53. 13½	3. 29. 23	355. 14. 40½	3. 46. 11	344
20	27. 22. 36½	3. 29. 14	351. 28. 29½	3. 50. 13	340
24	30. 51. 50½	3. 29. 22	347. 38. 16½	3. 54. 45½	336
28	34. 21. 12½	3. 29. 31½	343. 43. 31+	3. 59. 47	332
32	37. 50. 44	3. 30. 24—	339. 43. 44	4. 05. 18	328
36	41. 21. 07¾	3. 30. 53½	335. 38. 26—	4. 11. 17	324
40	44. 52. 01+	3. 31. 42	331. 27. 09+	4. 17. 41	320
44	48. 23. 43+	3. 32. 35½	327. 09. 28½	4. 24. 26	316
48	51. 56. 18½	3. 33. 32½	322. 45. 02+	4. 31. 28½	312
52	55. 29. 51	3. 34. 31½	318. 13. 34—	4. 38. 42—	308
56	59. 04. 22½	3. 35. 30½	313. 34. 52	4. 45. 55	304
60	62. 39. 53	3. 36. 27½	308. 48. 57	4. 53. 02½	300
64	66. 16. 20½	3. 37. 21	303. 55. 54½	4. 59. 48½	296
68	69. 53. 41½	3. 38. 08½	298. 56. 06	5. 06. 04½	292
72	73. 31. 50	3. 38. 50	293. 50. 01½	5. 11. 35	288
76	77. 10. 40	3. 39. 24	288. 38. 26½	5. 16. 07½	284
80	80. 50. 04	3. 39. 48½	283. 22. 19	5. 19. 42	280
84	84. 29. 50⅓	3. 40. 03½	278. 02. 37	5. 21. 27—	276
88	88. 09. 56	3. 40. 08	272. 41. 10½	5. 22. 21	272
90	90. 00. 00		270. 00. 00		270

Suite de la Table de la Longitude du Nonagésime sous les Tropiques, &c.

Milieu du Ciel.	LONGITUDE du NONAGÉSIME.	DIFFÉRENCES.	LONGITUDE du NONAGÉSIME.	DIFFÉRENCES.	Milieu du Ciel.
Deg.	*D. M. S.*	*D. M. S.*	*D. M. S.*	*D. M. S.*	*Deg.*
90	90. 00. 00		270. 00. 00		270
92	91. 50. 04	3. 40. 08	267. 18. 49½	5. 22. 21	268
96	95. 30. 07½	3. 40. 03½	261. 57. 23—	5. 21. 27+	264
100	99. 09. 56	3. 39. 48½	256. 37. 41	5. 19. 42—	260
104	102. 49. 20	3. 39. 24	251. 21. 33½	5. 16. 07½	256
108	106. 28. 10	3. 38. 50	246. 09. 58½	5. 11. 35	252
112	110. 06. 18½	3. 38. 08½	241. 03. 54+	5. 06. 04—	248
116	113. 43. 39½	3. 37. 21	236. 04. 05½	4. 59. 48+	244
120	117. 20. 07	3. 36. 27½	231. 11. 03	4. 53. 02½	240
124	120. 55. 37½	3. 35. 30½	226. 25. 08	4. 45. 55	236
128	124. 30. 09	3. 34. 31½	221. 46. 26+	4. 38. 42—	232
132	128. 03. 41½	3. 33. 32½	217. 14. 58—	4. 31. 29—	228
136	131. 36. 17—	3. 32. 36—	212. 50. 31½	4. 24. 26+	224
140	135. 07. 59—	3. 31. 42	208. 32. 51—	4. 17. 40½	220
144	138. 38. 52+	3. 30. 53½	204. 21. 34+	4. 11. 16½	216
148	142. 09. 16	3. 30. 24	200. 16. 16	4. 05. 18+	212
152	145. 38. 47½	3. 29. 31½	196. 16. 29—	3. 59. 47	208
156	149. 08. 09½	3. 29. 22	192. 21. 43½	3. 54. 45+	204
160	152. 37. 23½	3. 29. 14	188. 31. 30½	3. 50. 13	200
164	156. 06. 46½	3. 29. 23	184. 45. 19½	3. 46. 11	196
168	159. 36. 32½	3. 29. 46	181. 02. 43	3. 42. 36½	192
172	163. 07. 02½	3. 30. 30	177. 23. 10	3. 39. 33	188
176	166. 38. 35	3. 31. 32½	173. 46. 14½	3. 36. 55	184
180	170. 11. 31+	3. 32. 56	170. 11. 31+	3. 34. 43½	180

TABLE de la distance au Zénit du Nonagésime sous les Tropiques, par 23^d 28' 00", de hauteur du Pôle.

Milieu du Ciel.	DISTANCES au ZÉNIT.	DIFFÉRENCES.	Milieu du Ciel.	DISTANCES au ZÉNIT.	DIFFÉRENCES.
Deg.	*D. M. S.*	*D. M. S.*	*Deg.*	*D. M. S.*	*D. M. S.*
0	21. 25. 29½		360	21. 25. 29½	
4	19. 51. 52½	1. 33. 37	356	23. 00. 06⅔	1. 34. 37½
8	18. 19. 38½	1. 32. 14	352	24. 35. 20—	1. 35. 13
12	16. 49. 05+	1. 30. 33+	348	26. 10. 55	1. 35. 35+
16	15. 20. 34	1. 28. 31	344	27. 46. 22+	1. 35. 27
20	13. 54. 25½	1. 26. 08½	340	29. 21. 16½	1. 34. 54
24	12. 30. 57—	1. 23. 29—	336	30. 55. 14½	1. 33. 58
28	11. 10. 26½	1. 20. 30+	332	32. 27. 50	1. 32. 35½
32	9. 53. 14½	1. 17. 12	328	33. 58. 34	1. 30. 44
36	8. 39. 36½	1. 13. 38	324	35. 26. 58½	1. 28. 24½
40	7. 29. 51—	1. 09. 46	320	36. 52. 31½	1. 25. 33
44	6. 24. 14—	1. 05. 37	316	38. 14. 42—	1. 22. 10½
48	5. 23. 01	1. 01. 13	312	39. 32. 41½	1. 18. 00—
52	4. 26. 28	0. 56. 33	308	40. 46. 39+	1. 13. 58—
56	3. 34. 46—	0. 51. 42+	304	41. 55. 18½	1. 08. 39+
50	2. 48. 18+	0. 46. 27½	300	42. 58. 14	1. 02. 55½
64	2. 07. 07	0. 41. 11	296	43. 54. 54	0. 56. 40
68	1. 31. 27	0. 35. 40	292	44. 44. 44½	0. 49. 50½
72	1. 01. 28	0. 29. 59	288	45. 27. 13	0. 42. 28
76	0. 37. 18+	0. 24. 10—	284	46. 01. 49	0. 34. 36
80	0. 19. 05	0. 18. 13+	280	46. 28. 11	0. 26. 22
84	0. 06. 52½	0. 12. 12½	276	46. 43. 56½	0. 15. 45½
88	0. 00. 46	0. 06. 06½	272	46. 54. 52⅔	0. 10. 56—
90	0. 00. 00		270	46. 56. 00	0. 02. 15—

Suite de la Table de la distance au Zénit du Nonagésime sous les Tropiques, &c.

Milieu du Ciel.	DISTANCES au ZÉNIT.	DIFFÉRENCES.	Milieu du Ciel.	DISTANCES au ZÉNIT.	DIFFÉRENCES.
Deg.	D. M. S.	D. M. S.	Deg.	D. M. S.	D. M. S.
90	0. 00. 00		270	46. 56. 00	
92	0. 00. 46		268	46. 54. 52⅔	0. 02. 15—
96	0. 06. 52½	0. 06, 06½	264	46. 43. 56½	0. 10. 56—
100	0. 19. 05	0. 12. 12½	260	46. 28. 11—	0. 15. 45½
104	0. 37. 18+	0. 18. 13+	256	46. 01. 49—	0. 26. 22
108	1. 01. 28	0. 24. 10—	252	45. 27. 13—	0. 34. 36
112	1. 31. 27	0. 29. 59	248	44. 44. 44½	0. 42. 28½
116	2. 07. 07	0. 35. 40	244	43. 54. 54—	0. 49. 50
120	2. 48. 18+	0. 41. 11	240	42. 58. 14—	0. 56. 40
124	3. 34. 46	0. 46. 28—	236	41. 55. 18½	1. 02. 55½
128	4. 26. 28	0. 51. 42	232	40. 46. 39+	1. 08. 39+
132	5. 23. 01	0. 56. 33	228	39. 32. 41½	1. 13. 58—
136	6. 24. 14—	1. 01. 13	224	38. 14. 42—	1. 18. 00—
140	7. 29. 51—	1. 05. 37	220	36. 52. 31½	1. 22. 10+
144	8. 39. 36½	1. 09. 45½	216	35. 26. 58½	1. 25. 33
148	9. 53. 14	1. 13. 38	212	33. 58. 34	1. 28. 24½
152	11. 10. 26½	1. 17. 12	208	32. 27. 50	1. 30. 44
156	12. 30. 57	1. 20. 30½	204	30. 55. 14½	1. 32. 35½
160	13. 54. 25½	1. 23. 28½	200	29. 21. 16½	1. 33. 58
164	15. 20. 34	1. 26. 08½	196	27. 46. 22+	1. 34. 54+
168	16. 49. 05+	1. 29. 31+	192	26. 10. 55	1. 35. 27+
172	18. 19. 38½	1. 30. 33½	188	24. 35. 20—	1. 35. 35
176	19. 51. 52½	1. 32. 14	184	23. 00. 06⅓	1. 35. 13
180	21. 25. 29⅓	1. 33. 37	180	21. 25. 29⅓	1. 34. 37½

La difficulté de faire le calcul ou de mesurer, la nuit à la mer, la hauteur des Étoiles, rend la méthode de leurs distances à la Lune trop pénible avec l'octant, s'il s'agit de grands arcs, & souvent trop incertaine: il n'en est pas de même lorsque l'Étoile est proche de la Lune; car de la hauteur de l'Étoile, que donneroit assez exactement la solution des Problèmes de la Sphère, quand on sait l'heure pour le Méridien où se trouve le Vaisseau, on en concluroit celle de la Lune, dont la latitude boréale ou australe indique la situation sur le Zodiaque ou sur le Planisphère. De là nous voyons la nécessité de recourir aux Tables du Nonagésime, préférablement à toute autre méthode, pour en déduire la longitude apparente de la Lune, tirée des Tables corrigées, & qu'il s'agit de comparer à celle qui aura été observée. Le Navigateur, pour cet effet, emploie deux ou trois fois la règle de fausse position, pour essayer s'il a bien estimé la longitude de son Vaisseau; & lorsque cette conjecture est vraie, alors la longitude apparente observée se trouve exactement la même que celle qui est tirée des Tables corrigées.

Depuis près de trente ans qu'on s'occupe de ces opérations praticables à la mer, on a bien songé à simplifier les calculs, & à faire évanouir l'embarras des triangles sphériques que le Navigateur seroit obligé, sans le secours des Tables ou des formules, de résoudre en très-grand nombre. L'analyse a fourni des équations algébriques, & des moyens beaucoup plus simples que ne prescrivent ceux qui ont écrit sur la Trigonométrie, comme cela se voit dans les volumes de l'Académie de Péterſbourg & de Berlin: dans ceux-ci on trouve, *page 198 de l'année 1749*, la démonstration de la règle qu'il faut employer si fréquemment pour le calcul des parallaxes. On fera d'abord,

Par. hor. x sin. dist. au Nonag. x haut. du Nonag.

& l'on aura la parallaxe en longitude, lorsque la latitude de la Lune est nulle.

Mais comme il est rare que la Lune n'ait pas une latitude australe ou boréale, la règle générale pour trouver le lieu apparent de la Lune, lorsqu'on sait sa distance au Nonagésime en longitude, consiste à résoudre un triangle sphérique, dont on connoît deux côtés, & l'angle compris : celui-ci peut se nommer l'*angle à la Lune*, lequel angle seroit le vrai angle parallactique, si la latitude de la Lune étoit nulle. Cela s'expédie assez facilement par l'équation qui prescrit

$$\frac{\text{parall. hor.} \times \text{sin. dist. au Nonag.} \times \text{sin. haut. du Nonag.}}{\text{cosin. vraie latitude de la Lune.}}$$

= parallaxe en longitude ; & quant à celle de la latitude, on auroit encore

$$\left(\frac{\text{cotang. latit.}}{\text{tang. haut. Nonag.}} - \text{cosin. dist. au Nonag.}\right)$$
$$(\text{parall. hor.} + \text{sin. haut. du Nonag.} + \text{sin. latit. vraie}).$$

Comme le quartier de réduction, ou ce qui revient au même, la double règle de Gunter peuvent résoudre sans calcul, ni même sans le secours du compas, les triangles rectilignes, il seroit aisé par-là de connoître le triangle parallactique, qui est censé rectiligne, à cause de sa petitesse, si l'on sait une fois quel est l'angle parallactique. Mais faut-il renoncer aux formules précédentes, qui dispensent absolument de la connoissance de cet angle que prescrivent les règles générales? Est-ce parce qu'elles paroissent d'abord rendre l'opération plus simple, puisque la simple addition ou soustraction de logarithmes nous fait découvrir d'abord les parallaxes de longitude? Je ne vois ici d'avantage que d'indiquer aux Pilotes les moyens de se passer des Tables des logarithmes, des sinus & tangentes, &c. à quoi le quartier sphérique sembleroit d'abord le plus propre, puisqu'il fourniroit l'instrument le plus expéditif.

La difficulté consiste à savoir quel quartier sphérique il convient d'y employer: nous avons deux sortes de projections usitées, dont le fréquent usage, avant l'invention des logarithmes, étoit connu des Navigateurs & des Hydrographes: il en reste encore des astrolables assez grands, dont quelques-uns se servent pour trouver l'heure sans calcul ou Tables des sinus, &c. car lorsqu'il s'agit de connoître l'heure du jour par la hauteur du Soleil ou de quelqu'Étoile, il faut résoudre nécessairement un triangle sphérique, dont les trois côtés ſont connus. La projection de Ptolémée nous fournit une méthode ſimple, mais indirecte, ou de fauſſe poſition pour découvrir la diſtance de l'aſtre au Méridien ou l'heure du jour : on y emploie un index mobile, & pour réſoudre le triangle, on y ſuppoſe d'abord que l'heure que l'on cherche eſt connue, recommençant une ou deux fois l'opération, on parvient à corriger parfaitement ſur cette projection l'heure que l'on avoit à peu près eſtimée. Il n'en eſt pas de même de l'autre projection, qui eſt proprement celle du quartier ſphérique : le triangle eſt réſolu plus promptement & d'une manière directe. Les détails qui ſeroient ſuperflus ici, ſe trouvent dans le Livre de feu M. Radouai, Capitaine des Vaiſſeaux du Roi. Dans cette 2.e projection qui eſt celle de Roïas, l'œil eſt ſuppoſé à une diſtance infinie, en ſorte que les parallèles à l'horizon, ou ſi l'on veut les parallèles à l'équateur ſont des lignes droites : ce grand avantage eſt balancé par des courbes ou de vraies ellipſes, toujours difficiles à décrire, & qui ſe confondent trop, en ſe resserrant à mesure qu'on s'éloigne du centre de la projection : elles servent, comme l'on sait, à représenter les verticaux ou azimuts ; ou si l'on veut, les cercles horaires ou méridiens.

Il vaut donc mieux recourir à la projection de Ptolémée, qui n'a pas les mêmes inconvéniens, & qui a de plus le grand avantage de n'employer que des arcs de cercles aisés à décrire, & dont les centres se trouvent par les moyens qu'a indiqués *Stoplerinus*, dans sa *description de l'Astrolabe.* Qu'importe si les règles de fausse position y sont quelquefois employées ? ne sont-elles pas plus sûres, par la nécessité où l'on est de réitérer son opération, & ne mènent-elles pas également au but ?

TABLE de la Longitude du Nonagésime sous la Latitude de 20 degrés, boréale ou australe.

Milieu du Ciel.	LONGITUDE du NONAGÉSIME.	DIFFÉRENCES.	Milieu du Ciel.	LONGITUDE du NONAGÉSIME.	DIFFÉRENCES.
Deg.	D. M. S.	D. M. S.	Deg.	D. M. S.	D. M. S.
0	8. 14. 49	3. 34. 54⅔	360	8. 14. 49	3. 36. 27
4	11. 49. 43⅓	3. 33. 45	356	4. 38. 22	3. 38. 24½
8	15. 23. 28⅔	3. 32. 55½	352	0. 59. 57½	3. 40. 44½
12	18. 56. 24+	3. 32. 24+	348	357. 19. 13	3. 43. 29½
16	22. 28. 48½	3. 32. 14	344	353. 35. 43½	3. 46. 43+
20	26. 01. 02½	3. 32. 19½	340	349. 49. 00+	3. 50. 22½
24	29. 33. 22	3. 32. 40½	336	345. 58. 38—	3. 54. 26⅓
28	33. 06. 02½	3. 33. 07½	332	342. 04. 11½	3. 59. 01+
32	36. 39. 10	3. 33. 55	328	338. 05. 10+	4. 03. 57½
36	40. 13. 05	3. 34. 47	324	334. 01. 13—	4. 09. 19—
40	43. 47. 52	3. 35. 50	320	329. 51. 54	4. 15. 00½
44	47. 23. 42	3. 36. 56	316	325. 36. 53⅓	4. 20. 58½
48	51. 00. 38	3. 38. 05½	312	320. 15. 55—	4. 27. 10½
52	54. 38. 43½	3. 39. 16⅔	308	316. 48. 44+	4. 33. 25+
56	58. 18. 00	3. 40. 26⅔	304	312. 15. 19	4. 39. 49
60	61. 58. 26⅓	3. 41. 34⅓	300	307. 35. 30	4. 45. 53
64	65. 40. 01	3. 42. 38	296	302. 49. 37	4. 51. 41½
68	69. 22. 39	3. 43. 34½	292	297. 57. 55½	4. 57. 00½
72	73. 06. 13½	3. 44. 23½	288	293. 00. 55+	5. 01. 39½
76	76. 50. 37	3. 45. 03	284	287. 59. 15⅔	5. 05. 29⅔
80	80. 35. 40	3. 45. 32½	280	282. 53. 46⅓	5. 08. 20
84	84. 21. 12½	3. 45. 50	276	277. 45. 26⅓	5. 10. 06
88	88. 07. 02	3. 45. 56	272	272. 35. 20½	5. 10. 41
90	90. 00. 00		270	270. 00. 00	

Suite de la Table de la Longitude du Nonagésime, &c.

Pour servir à Saint-Domingue & à l'île de France aux attérages.

Milieu du Ciel.	LONGITUDE du NONAGÉSIME.	DIFFÉRENCES.	Milieu du Ciel.	LONGITUDE du NONAGÉSIME.	DIFFÉRENCES.
Deg.	*D. M. S.*	*D. M. S.*	*Deg.*	*D. M. S.*	*D. M. S.*
90	90. 00. 00		270	270. 00. 00	
92	91. 52. 58	3. 45. 56	268	267. 24. $39\frac{1}{2}$	5. 10. 41
96	95. 38. $47\frac{1}{2}$	3. 45. $49\frac{1}{2}$	264	262. 14. $33\frac{2}{3}$	5. 10. 06
100	99. 24. 20	3. 45. $32\frac{1}{2}$	260	257. 06. $13\frac{2}{3}$	5. 08. 20
104	103. 09. 23	3. 45. 03	256	252. 00. $44\frac{1}{3}$	5. 05. $29\frac{1}{3}$
108	106. 53. $46\frac{1}{2}$	3. 44. $23\frac{1}{2}$	252	246. 59. 05—	5. 01. $39\frac{1}{3}$
112	110. 37. 21	3. 43. $34\frac{1}{2}$	248	242. 02. $04\frac{1}{2}$	4. 57. 00+
116	114. 19. 59	3. 42. 38	244	237. 10. 23	4. 51. $41\frac{1}{2}$
120	118. 01. $33\frac{1}{3}$	3. 41. $34\frac{1}{3}$	240	232. 24. 30	4. 45. 53
124	121. 42. 00	3. 40. $26\frac{2}{2}$	236	227. 44. 41	4. 39. 49
128	125. 21. $16\frac{1}{2}$	3. 39. $16\frac{1}{2}$	232	223. 11. 16—	4. 33. 25+
132	128. 59. 22	3. 38. $05\frac{1}{2}$	228	219. 44. 05+	4. 27. $10\frac{1}{2}$
136	132. 36. 18	3. 36. 56	224	214. 23. $06\frac{2}{3}$	4. 20. 59
140	136. 12. 08	3. 35. 50	220	210. 08. 06	4. 15. $00\frac{1}{2}$
144	139. 46. 55	3. 34. 47	216	205. 58. 47+	4. 09. $18\frac{1}{2}$
148	143. 20. 50	3. 33. 55	212	201. 54. 50—	4. 03. $57\frac{1}{2}$
152	146. 53. $57\frac{1}{2}$	3. 33. $07\frac{1}{2}$	208	197. 55. $48\frac{1}{2}$	3. 59. 01+
156	150. 26. 38	3. 32. $40\frac{1}{2}$	204	194. 01. 22+	3. 54. $26\frac{1}{2}$
160	153. 58. $57\frac{1}{2}$	3. 32. $19\frac{1}{2}$	200	190. 11. 00—	3. 50. 22+
164	157. 31. $11\frac{1}{2}$	3. 32. 14	196	186. 24. $16\frac{1}{2}$	3. 46. 43
168	161. 03. 36—	3. 32. $24\frac{1}{2}$	192	182. 40. 47	3. 43. $29\frac{1}{2}$
172	164. 36. $31\frac{1}{3}$	3. 32. $55\frac{1}{2}$	188	179. 00. $02\frac{1}{2}$	3. 40. $44\frac{1}{2}$
176	168. 10. $16\frac{1}{3}$	3. 33. 45	184	175. 21. 38	3. 38. $24\frac{1}{2}$
180	171. 45. 11	3. 34. $54\frac{2}{3}$	180	171. 45. 11	3. 36. 27

TABLE de la hauteur du Nonagéſime ſous la Latitude de 20 degrés.

Milieu du Ciel.	DISTANCE au ZÉNIT.	DIFFÉRENCES.	Milieu du Ciel.	DISTANCE au ZÉNIT.	DIFFÉRENCES.
Deg.	D. M. S.	D. M. S.	Deg.	D. M. S.	D. M. S.
0	18. 17. 03⅓	1. 34. 05½	360	18. 17. 03⅓	1. 34. 59+
4	16. 42. 58	1. 32. 51½	356	19. 52. 02⅔	1. 35. 23+
8	15. 10. 06½	1. 31. 18+	352	21. 27. 26	1. 35. 33½
12	13. 38. 48—	1. 29. 24	348	23. 02. 59½	1. 35. 16
16	12. 09. 24	1. 27. 07—	344	24. 38. 15½	1. 34. 32½
20	10. 42. 17+	1. 24. 32+	340	26. 12. 48	1. 33. 26
24	9. 17. 45	1. 21. 38—	336	27. 46. 14	1. 31. 55
28	7. 56. 07+	1. 18. 23	332	29. 18. 09	1. 29. 47½
32	6. 37. 44+	1. 14. 51½	328	30. 47. 56½	1. 27. 20—
36	5. 22. 52½	1. 11. 00+	324	32. 15. 16+	1. 24. 26—
40	4. 11. 52+	1. 06. 51½	320	33. 39. 36	1. 20. 48
44	3. 05. 01—	1. 02. 26+	316	35. 00. 24	1. 16. 46
48	2. 02. 34½	0. 57. 44½	312	36. 17. 10	1. 12. 10—
52	1. 04. 50—	0. 52. 46½	308	37. 29. 20—	1. 07. 02+
56	0. 12. 03½	0. 47. 35½	304	38. 36. 22	1. 01. 19—
	Nord ou Sud.		300	39. 37. 41	0. 55. 05+
60	0. 35. 32	0. 42. 09+	296	40. 32. 46	0. 48. 21½
64	1. 17. 41+	0. 36. 32+	292	41. 21. 07½	0. 41. 08
68	1. 54. 13⅓	0. 30. 42	288	42. 02. 15½	0. 33. 28
72	2. 24. 55½	0. 24. 48	284	42. 35. 43½	0. 25. 27½
76	2. 49. 43½	0. 18. 42—	280	43. 01. 10	0. 17. 08
80	3. 08. 25	0. 12. 31+	276	43. 18. 18	0. 08. 37
84	3. 20. 56⅓	0. 06. 17—	272	43. 26. 55	0. 01. 05
88	3. 27. 13		270	43. 28. 00	

Suite

Suite de la Table de la hauteur du Nonagésime sous la Latitude de 20 degrés.

Milieu du Ciel.	DISTANCE au ZÉNIT.	DIFFÉRENCES.	Milieu du Ciel.	DISTANCE du ZÉNIT.	DIFFÉRENCES.
Deg.	*D. M. S.*	*D. M. S.*	*Deg.*	*D. M. S.*	*D. M. S.*
90	3. 28. 00	0. 03. 08	270	43. 28. 00	0. 04. 20
92	3. 27. 13	0. 06. 17—	268	43. 26. 55	0. 08. 37
96	3. 20. 56⅓	0. 12. 31+	264	43. 18. 18	0. 17. 08
100	3. 08. 25	0. 18. 42—	260	43. 01. 10	0. 25. 26½
104	2. 49. 43⅓	0. 24. 48	256	42. 35. 43½	0. 33. 28
108	2. 24. 55½	0. 30. 42	252	42. 02. 15½	0. 41. 08
112	1. 54. 13⅓	0. 36. 32	248	41. 21. 07½	0. 48. 21½
116	1. 17. 41+	0. 42. 09	244	40. 32. 46	0. 55. 05+
120	0. 35. 32		240	39. 37. 41—	1. 01. 19—
	Sud ou Nord.	0. 47. 35½	236	38. 36. 22	1. 07. 02+
124	0. 12. 03½	0. 52. 46½	232	37. 29. 20—	1. 12. 10—
128	1. 04. 50	0. 57. 44½	228	36. 17. 10	1. 16. 46
132	2. 02. 34½	1. 02. 26½	224	35. 00. 24	1. 20. 48
136	3. 05. 01	1. 06. 51+	220	33. 39. 36	1. 24. 26—
140	4. 11. 52+	1. 11. 00½	216	32. 15. 16+	1. 27. 20—
144	5. 22. 52½	1. 14. 52—	212	30. 47. 56½	1. 29. 47½
148	6. 37. 44+	1. 18. 23	208	29. 18. 09	1. 31. 55
152	7. 56. 07+	1. 21. 38—	204	27. 46. 14	1. 33. 26
156	9. 17. 45	1. 24. 32+	200	26. 12. 48+	1. 34. 33—
160	10. 42. 17+	1. 27. 07	196	24. 38. 15½	1. 35. 16
164	12. 09. 24	1. 29. 24—	192	23. 02. 59½	1. 35. 33½
168	13. 38. 48—	1. 31. 18+	188	21. 27. 26	1. 35. 23+
172	15. 10. 06½	1. 32. 51½	184	19. 52. 02⅔	1. 34. 59⅓
176	16. 42. 58	1. 34. 05⅓	180	18. 17. 03⅓	
180	18. 17. 03⅓				

L'expreſſion analytique pour la ſeule parallaxe de longitude, des Mémoires de Berlin, *année 1749*, doit nous donner encore plus ſimplement que par les longs calculs que l'on adoptoit ci-devant, l'angle parallactique au centre de la Lune, & par conſéquent ſa parallaxe en latitude, puiſque le triangle parallactique eſt toujours conſidéré comme rectiligne. Le Navigateur, en ce cas, ne doit rien négliger pour s'aſſurer de la hauteur apparente de la Lune, avant & après l'obſervation de ſa diſtance à une Étoile.

Car il eſt beaucoup plus facile de s'aſſurer en effet de la hauteur de la Lune ſur l'horizon de la mer à cauſe de ſon reflet, qui dans les pleines Lunes les moins hautes, ſe prolonge juſque dans l'horizon, que de s'aſſurer de celle de l'Étoile: l'expérience n'a que trop fait connoître l'incertitude des hauteurs d'Étoiles meſurées avec les octans de réflexion pendant la nuit.

Mais la hauteur de la Lune obſervée, donne à l'inſtant la parallaxe qui lui convient; c'eſt-à-dire l'hypothénuſe d'un triangle rectangle; considéré comme rectiligne; & puisque l'expression...............

$$\frac{\text{parall. horiz.} \times \text{sin. dist. au nonag.} \times \text{sin. haut. nonag.}}{\text{cosin. de la latitude vraie.}}$$

nous indique la parallaxe en longitude; on aura donc ainsi l'angle parallactique, à l'aide, si l'on veut, de la double règle de Gunter; & pareillement sans un plus long calcul, la parallaxe de latitude qui convient à l'instant de l'observation de la distance mesurée.

Parmi les Navigateurs, quelques-uns emploient pour résoudre les triangles sphériques, la projection de l'Almageste de Ptolémée, ou projection stéréographique, laquelle suppose l'œil au Pôle opposé à l'hémisphère visible: la propriété singulière de cette projection est connue, puisqu'elle n'admet, à l'exclusion des autres projections (où diverses courbes s'introduisent) que des cercles ou des lignes droites, ce qui en a séduit les Partisans.

Comme il n'est pas usité de faire graver sur une platine de métal, & d'une grandeur peu commune, les hémisphères avec leurs cercles horaires & parallèles à l'Équateur, ou ce qui revient au même, les verticaux & les parallèles à l'horizon; ils n'ont pas pour cela renoncé à l'usage si fécond qu'ils pourroient en retirer; les uns s'attachant à connoître les défauts du papier, qui se contacte inégalement après l'impression de ces hémisphères, en ont construit quelques Tables subsidiaires: ils appliquent ensuite par-dessus un autre hémisphère transparent, ce qui leur donne incontinent la solution de leurs triangles sphériques.

D'autres se fiant davantage sur les vrais principes élémentaires de cette projection qu'ils ont étudiés dans Stoflerinus, Tacquet, &c. ne sont nullement embarrassés pour résoudre sans Tables les triangles sphériques; ils se servent pour cet effet de leur compas simple & d'une excellente échelle des cordes; celle-ci leur sert aussitôt à appliquer sur la circonférence extérieure d'un cercle (qu'on suppose être celui de la projection) le côté d'un de leurs triangles & les échelles simples des sinus, tangentes & sécantes, tracées sur le revers de l'échelle des logarithmes ou bien ſur un compas de proportion, leur indiquent à un quart de degré près, les côtés ou les angles des triangles ſphériques qui leur reſtent à réſoudre; car ils en trouvent les pôles & forment ainſi les triangles.

C'eſt ce qui a déterminé, il y a long-temps à appliquer ces échelles ſimples, qui ſont les cordes, les ſinus, tangentes & ſécantes, ſur le revers de la règle logarithmique de Gunter, & l'uſage fréquent n'en appartient qu'à ceux qui ont commencé par faire une étude toute particulière des loix de la projection ſtéréographique.

Au reſte, puiſqu'il eſt avéré qu'on ne peut ſe fier aux Éphémérides, dont l'abus quel qu'il ſoit, ne diſpenſe pas le Navigateur de s'aſſurer par le calcul des Tables du lieu de la Lune; je ne vois pas pourquoi on renonceroit à ſe ſervir des Tables des logarithmes des ſinus, qui ſont aujourd'hui entre les mains de tous ceux qui ſavent aſſez d'Aſtronomie pour l'appliquer aux uſages de la Navigation: le calcul du lieu apparent de la

Lune, par les moyens qu'on vient d'indiquer, est devenu plus simple, beaucoup moins long, moins sujet à erreur, en un mot beaucoup plus traitable qu'il n'étoit autrefois. Ne faut-il pas d'abord commencer par chercher les parallaxes de hauteur, à l'aide des parallaxes horizontales, soit qu'on les réduise en secondes, ou ce qui est plus prompt, à l'aide des premières minutes & secondes de degrés des Tables de Vlacq ou de Gardiner? n'a-t-on pas plutôt ainsi opéré par une simple addition, que de les déduire des Tables vulgaires, mais si peu étendues de ces parallaxes, puisqu'on ne sauroit les y prendre à vue? ne peut-on pas s'assurer tout d'un coup d'avoir évité quelques méprises, à l'aide de la règle logarithmique, ce qui exempte d'en faire plus d'une fois le calcul, en cas d'erreur?

Lorsque l'on compare la Lune au Soleil dans les croissans ou dans le décours, il est déjà très-facile de mesurer sa hauteur sur l'horizon, s'il est visible, l'opération se faisant en plein jour; ainsi le calcul de l'angle parallactique sera d'autant plus aisé que nous ſuppoſons déjà connues la hauteur & la longitude du nonagéſime, de même que la parallaxe en longitude à l'aide de l'expreſſion ci-deſſus : les Navigateurs ne s'accordent pas encore entre eux ſur le degré de juſteſſe avec lequel ils peuvent meſurer la diſtance de la Lune au Soleil avec l'octant à lunette ; mais l'expérience & le raiſonnement ſupplée à ces ſortes d'opinions forcées, puiſque les inſtrumens les mieux conſtruits & les plus éprouvés à terre ſur les diſtances des Étoiles à différens arcs, donneront à l'aide des deux bords du Soleil la diſtance de ſon centre au bord de la Lune, à une minute près ; telle eſt la préciſion à laquelle on peut eſpérer d'atteindre en ſe ſervant de l'octant ; mais cela n'exempte pas le Navigateur d'y employer le calcul des meilleures Tables du Soleil ; celles que l'on a conſtruites à l'imitation de M. Euler, il y a quinze ans ou environ, ſuppoſent toutes, les élémens déjà connus *(page 660 des Inſtitutions aſtronomiques)* & publiées dans l'Hiſtoire céleſte : auſſi diffèrent-elles à peine de celles que ce célèbre Géomètre publia ſur les mêmes principes dans ses Opuscules, en 1746; mais au lieu de diminuer de quelques secondes l'équation du centre, comme cela s'étoit déjà pratiqué en 1720, j'ai fait voir au *III.e livre des Observations de la Lune*, qu'elle avoit besoin au contraire d'être augmentée; nous la supposerons dans les Tables suivantes de $1^d\ 55'\ 40''$. L'équation de la Lune que M. Euler a introduite lorsqu'on supposoit la parallaxe du Soleil trop grande, n'étant pas de $0'\ \frac{1}{12}$ ou $5''$ sensible depuis la ligne des syzygies jusqu'aux quadratures, on l'a supprimée dans les Tables suivantes; mais comme il faut que l'Observateur soit assuré du vrai lieu du Soleil, on y a introduit l'inégale précession de l'équinoxe suffisamment avérée depuis ces premiers Essais de M. Euler, comme cela se voit aux Transactions philosophiques & dans nos Mémoires de l'Académie qui furent publiés en même-temps.

On auroit donc grand tort de négliger cette inégale précession des équinoxes, puisque le lieu du Soleil sans cette correction, pourroit être défectueux d'une demi-minute au moins.

Les époques du moyen mouvement du Soleil méritent auſſi une attention toute particulière pour le commencement de chaque année; il ne s'agit pas de les tranſcrire ici à la manière uſitée dans le commerce de Littérature européenne : il n'eſt queſtion que d'éclairer en ce moment-ci, & non pas d'une copie infidèle de ces Tables; or M. Euler avoit introduit l'accélération du mouvement de la Terre, & par conſéquent les années plus courtes à meſure que l'on s'avance dans le ſiècle : cette hypothèſe démentie par les obſervations, a donné lieu aux époques variables du lieu du Soleil, ce qui fut rejeté en 1759, mais non pas par les partiſans, toujours trop tardifs, des Écrits périodiques : il ſeroit cependant ridicule aujourd'hui d'adhérer à des époques qui tiennent trop à une fauſſe hypothèſe déſavouée par l'auteur, ſur la foi des obſervations : ces époques ſont déjà, en 1771, beaucoup trop avancées, & il n'eſt pas encore prouvé qu'il faille changer la durée de l'année ſolaire, ſi ce n'eſt relativement aux Étoiles fixes, à cauſe que la préceſſion annuelle de l'équinoxe excède tant soit peu 50 secondes, ainsi qu'on l'a fait voir en 1719 & 1747 aux Transactions philosophiques.

La théorie du moyen mouvement de l'apogée, demande une plus ample discussion que celle que nous venons de faire sur la question des époques du moyen mouvement du Soleil: cette matière semble exiger qu'on prouve dans un Écrit public, les innovations qu'on doit faire aux époques du mouvement de l'apogée, & il faudroit y comparer les observations faites il y a environ cent ans avec celles qui ont été suivies à ce dessein depuis plus de trente années: d'ailleurs les observations en sont délicates & difficiles à bien traiter à cause des erreurs du plan des quarts-de-cercle muraux & du peu d'exactitude des hauteurs correspondantes du Soleil, sur-tout en hiver.

Le mouvement annuel de la précession des équinoxes étant mieux connu, on aura au lieu de $0^{s}\ 00^{d}\ 45'\ 20''$ le mouvement moyen du Soleil en cent ans, outre les révolutions entières, $0^{s}\ 0^{d}\ 46'\ 00''$: *voyez les Opuscules publiés par M. Euler il y a vingt-cinq ans.*

ÉPOQUES des moyens mouvemens du Soleil & de son Apogée au Méridien de Paris.

ANNÉES.	Sig.	Deg.	Min.	Sec.	Sig.	Deg.	Min.	Sec.
1733	9.	10.	07.	23,7	3.	08.	23.	04
1734	9.	09.	53.	04,2	3.	08.	24.	07
1735	9.	09.	38.	44,7	3.	08.	25.	10
1736 B.	9.	10.	23.	33,6	3.	08.	26.	13
1737	9.	10.	09.	14,1	3.	08.	27.	16
1738	9.	09.	54.	54,6	3.	08.	28.	19
1739	9.	09.	40.	35,1	3.	08.	29.	22
1740 B.	9.	10.	25.	24,0	3.	08.	30.	25
1741	9.	10.	11.	04,5	3.	08.	31.	28
1742	9.	09.	56.	45,0	3.	08.	32.	31
1743	9.	09.	42.	25,5	3.	08.	33.	34
1744 B.	9.	10.	27.	14,4	3.	08.	34.	37
1745	9.	10.	12.	54,9	3.	08.	35.	40
1746	9.	09.	58.	35,4	3.	08.	36.	43
1747	9.	09.	44.	15,9	3.	08.	37.	46
1748 B.	9.	10.	29.	04,8	3.	08.	38.	49
1749	9.	10.	14.	45,3	3.	08.	39.	52
1750	9.	10.	00.	25,8	3.	08.	40.	55
1751	9.	09.	46.	06,3	3.	08.	41.	58
1752 B.	9.	10.	30.	55,2	3.	08.	43.	01
1753	9.	10.	16.	35,7	3.	08.	44.	04
1754	9.	10.	02.	16,2	3.	08.	45.	07
1755	9.	09.	47.	56,7	3.	08.	46.	10
1756 B.	9.	10.	32.	45,6	3.	08.	47.	13
1757	9.	10.	18.	26,1	3.	08.	48.	16
1758	9.	10.	04.	06,6	3.	08.	49.	19
1759	9.	09.	49.	47,1	3.	08.	50.	22
1760 B.	9.	10.	34.	36,0	3.	08.	51.	25
1761	9.	10.	20.	16,5	3.	08.	52.	28

Suite des Époques des moyens mouvemens, &c.

Années.	Sig.	Deg.	Min.	Sec.	Sig.	Deg.	Min.	Sec.
1762	9.	10.	05.	57,0	3.	08.	53.	31
1763	9.	09.	51.	37,5	3.	08.	54.	34
1764 B.	9.	10.	36.	26,4	3.	08.	55.	37
1765	9.	10.	22.	06,0	3.	08.	56.	40
1766	9.	10.	07.	47,4	3.	08.	57.	43
1767	9.	09.	53.	27,9	3.	08.	58.	46
1768 B.	9.	10.	38.	16,8	3.	08.	59.	49
1769	9.	10.	23.	57,3	3.	09.	00.	52
1770	9.	10.	09.	37,8	3.	09.	01.	55
1771	9.	09.	55.	18,3	3.	09.	02.	58
1772 B.	9.	10.	40.	07,2	3.	09.	04.	01
1773	9.	10.	25.	47,7	3.	09.	05.	04
1774	9.	10.	11.	28,2	3.	09.	06.	07
1775	9.	09.	57.	08,7	3.	09.	07.	10
1776 B.	9.	10.	41.	57,6	3.	09.	08.	13
1777	9.	10.	27.	38,1	3.	09.	09.	16
1778	9.	10.	13.	18,6	3.	09.	10.	19
1779	9.	09.	58.	59,1	3.	09.	11.	22
1780 B.	9.	10.	43.	48,0	3.	09.	12.	25
1781	9.	10.	29.	28,5	3.	09.	13.	28
1782	9.	10.	15.	09,0	3.	09.	14.	31
1783	9.	10.	00.	49,5	3.	09.	15.	34
1784 B.	9.	10.	45.	38,4	3.	09.	16.	37
1785	9.	10.	31.	18,9	3.	09.	17.	40
1786	9.	10.	16.	59,4	3.	09.	18.	43
1787	9.	10.	02.	39,9	3.	09.	19.	46
1788 B.	9.	10.	47.	28,8	3.	09.	20.	49
1789	9.	10.	33.	09,3	3.	09.	21.	52
1790	9.	10.	18.	49,8	3.	09.	22.	55
1791	9.	10.	04.	30,2	3.	09.	23.	58
1792 B.	9.	10.	49.	19,2	3.	09.	25.	01

Moyens mouvemens du Soleil.

Année Bissextile.	Année commune.	JANVIER. MOYEN MOUVEMENT du SOLEIL.	APOGÉE.	FÉVRIER. MOYEN MOUVEMENT du SOLEIL.	APOGÉE.
Jours	Jours	S. D. M. S.	S.	S. D. M. S.	S.
1	0	0. 00. 00. 00	0	1. 00. 33. 18 1/3	
2	1	0. 00. 59. 08 1/3		1. 01. 32. 26 2/3	
3	2	0. 01. 58. 16 2/3		1. 02. 31. 35	
4	3	0. 02. 57. 25		1. 03. 30. 43 1/3	
5	4	0. 03. 56. 33 1/3		1. 04. 29. 51 2/3	
6	5	0. 04. 55. 41 2/3		1. 05. 29. 00	6
7	6	0. 05. 54. 50	1	1. 06. 28. 08 1/3	
8	7	0. 06. 53. 58 1/3		1. 07. 27. 16 2/3	
9	8	0. 07. 53. 06 2/3		1. 08. 26. 25	
10	9	0. 08. 52. 15		1. 09. 25. 33 1/3	
11	10	0. 09. 51. 23 1/3		1. 10. 24. 41 2/3	7
12	11	0. 10. 50. 31 2/3	2	1. 11. 23. 50	
13	12	0. 11. 49. 40		1. 12. 22. 58 1/3	
14	13	0. 12. 48. 48 1/3		1. 13. 22. 06 2/3	
15	14	0. 13. 47. 56 2/3		1. 14. 21. 15	
16	15	0. 14. 47. 05		1. 15. 20. 23 1/3	8
17	16	0. 15. 46. 13 1/3		1. 16. 19. 31 2/3	
18	17	0. 16. 45. 21 2/3	3	1. 17. 18. 40	
19	18	0. 17. 44. 30		1. 18. 17. 48 1/3	
20	19	0. 18. 43. 38 1/3		1. 19. 16. 56 2/3	
21	20	0. 19. 42. 46 2/3		1. 20. 16. 05	9
22	21	0. 20. 41. 55		1. 21. 15. 13 1/3	
23	22	0. 21. 41. 03 1/3		1. 22. 14. 21 2/3	
24	23	0. 22. 40. 11 2/3		1. 23. 13. 30	
25	24	0. 23. 39. 20		1. 24. 12. 38 1/3	
26	25	0. 24. 38. 29 1/3	4	1. 25. 11. 46 2/3	10
27	26	0. 25. 37. 36 2/3		1. 26. 10. 55	
28	27	0. 26. 36. 45		1. 27. 10. 03 1/3	
29	28	0. 27. 35. 53 1/3		1. 28. 09. 11 2/3	
30	29	0. 28. 35. 01 2/3			
31	30	0. 29. 34. 10			
	31	1. 00. 33. 18 1/3	5		

Moyens mouvemens du Soleil.

Jours du mois.	MARS. MOYEN MOUVEMENT du SOLEIL. S. D. M. S.	APOGÉE. S.	AVRIL. MOYEN MOUVEMENT du SOLEIL. S. D. M. S.	APOGÉE. S.
1	1. 29. 08. 20		2. 29. 41. 38 1/3	
2	2. 00. 07. 28 1/3		3. 00. 40. 46 2/3	16
3	2. 01. 06. 36 2/3		3. 01. 39. 55	
4	2. 02. 05. 45		3. 02. 39. 03 1/3	
5	2. 03. 04. 53 1/3	11	3. 03. 38. 11 2/3	
6	2. 04. 04. 01 2/3		3. 04. 37. 20	
7	2. 05. 03. 10		3. 05. 36. 28 1/3	
8	2. 06. 02. 18 1/3		3. 06. 35. 36 2/3	
9	2. 07. 01. 26 2/3		3. 07. 34. 45	17
10	2. 08. 00. 35		3. 08. 33. 53 1/3	
11	2. 08. 59. 43 1/3	12	3. 09. 33. 01 2/3	
12	2. 09. 58. 51 2/3		3. 10. 32. 10	
13	2. 10. 58. 00		3. 11. 31. 18 1/3	
14	2. 11. 57. 08 1/3		3. 12. 30. 26 2/3	
15	2. 12. 56. 16 2/3		3. 13. 29. 35	
16	2. 13. 55. 25	13	3. 14. 28. 43	18
17	2. 14. 54. 33 1/3		3. 15. 27. 51 1/3	
18	2. 15. 53. 41 2/3		3. 16. 26. 59 2/3	
19	2. 16. 52. 50		3. 17. 26. 08	
20	2. 17. 51. 58 1/3		3. 18. 25. 16 1/3	
21	2. 18. 51. 06 2/3		3. 19. 24. 24 2/3	
22	2. 19. 50. 15	14	3. 20. 23. 33	19
23	2. 20. 49. 23 1/3		3. 21. 22. 41 1/3	
24	2. 21. 48. 31 2/3		3. 22. 21. 49 2/3	
25	2. 22. 47. 40		3. 23. 20. 58	
26	2. 23. 46. 48 1/3		3. 24. 20. 06 1/3	
27	2. 24. 45. 56 2/3		3. 25. 19. 14 2/3	20
28	2. 25. 45. 05	15	3. 26. 18. 23	
29	2. 26. 44. 13 1/3		3. 27. 17. 31 1/3	
30	2. 27. 43. 21 2/3		3. 28. 16. 39 2/3	
31	2. 28. 42. 30			

Moyens mouvemens du Soleil.

Jours du mois.	MAI. MOYEN MOUVEMENT du SOLEIL.				APOGÉE.	JUIN. MOYEN MOUVEMENT du SOLEIL.				APOGÉE.
	S.	D.	M.	S.	S.	S.	D.	M.	S.	S.
1	3.	29.	15.	48		4.	29.	49.	06 1/3	
2	4.	00.	14.	56 1/3	21	5.	00.	48.	14 2/3	
3	4.	01.	14.	04 2/3		5.	01.	47.	23	
4	4.	02.	13.	13		5.	02.	46.	31 1/3	
5	4.	03.	12.	21 1/3		5.	03.	45.	39 2/3	27
6	4.	04.	11.	29 2/3		5.	04.	44.	48	
7	4.	05.	10.	38		5.	05.	43.	56 1/3	
8	4.	06.	09.	46 1/3	22	5.	06.	43.	04 2/3	
9	4.	07.	08.	54 2/3		5.	07.	42.	13	
10	4.	08.	08.	03		5.	08.	41.	21 1/3	
11	4.	09.	07.	11 1/3		5.	09.	40.	29 2/3	28
12	4.	10.	06.	19 2/3		5.	10.	39.	38	
13	4.	11.	05.	28		5.	11.	38.	46 1/3	
14	4.	12.	04.	36 1/3	23	5.	12.	37.	54 2/3	
15	4.	13.	03.	44 2/3		5.	13.	37.	03	
16	4.	14.	02.	53		5.	14.	36.	11 1/3	
17	4.	15.	02.	01 1/3		5.	15.	35.	19 2/3	29
18	4.	16.	01.	09 2/3		5.	16.	34.	28	
19	4.	17.	00.	18	24	5.	17.	33.	36 1/3	
20	4.	17.	59.	26 1/3		5.	18.	32.	44 2/3	
21	4.	18.	58.	34 2/3		5.	19.	31.	53	
22	4.	19.	57.	43		5.	20.	31.	01 1/3	
23	4.	20.	56.	51 2/3		5.	21.	30.	09 2/3	
24	4.	21.	55.	59 2/3		5.	22.	29.	18	30
25	4.	22.	55.	08	25	5.	23.	28.	26 1/3	
26	4.	23.	54.	16 1/3		5.	24.	27.	34 2/3	
27	4.	24.	53.	24 2/3		5.	25.	26.	43	
28	4.	25.	52.	33		5.	26.	25.	51 1/3	
29	4.	26.	51.	41 1/3		5.	27.	24.	59 2/3	31
30	4.	27.	50.	49 2/3		5.	28.	24.	08	
31	4.	28.	49.	58	26					

Moyens mouvemens du Soleil.

Jours du mois.	JUILLET. Moyen mouvement du Soleil. S. D. M. S.	Apogée. S.	AOUST. Moyen mouvement du Soleil. S. D. M. S.	Apogée. S.
1	5. 29. 23. $16\frac{1}{3}$		6. 29. 56. $34\frac{2}{3}$	37
2	6. 00. 22. $24\frac{2}{3}$		7. 00. 55. 43	
3	6. 01. 21. 33	32	7. 01. 54. $51\frac{1}{3}$	
4	6. 02. 20. $41\frac{1}{3}$		7. 02. 53. $59\frac{2}{3}$	
5	6. 03. 19. $49\frac{2}{3}$		7. 03. 53. 08	
6	6. 04. 18. 58		7. 04. 52. $16\frac{1}{3}$	38
7	6. 05. 18. $06\frac{1}{3}$		7. 05. 51. $24\frac{2}{3}$	
8	6. 06. 17. $14\frac{2}{3}$		7. 06. 50. 33	
9	6. 07. 16. 23	33	7. 07. 49. $41\frac{1}{3}$	
10	6. 08. 15. $31\frac{1}{3}$		7. 08. 48. $49\frac{2}{3}$	
11	6. 09. 14. $39\frac{2}{3}$		7. 09. 47. 58	39
12	6. 10. 13. 48		7. 10. 47. $06\frac{1}{3}$	
13	6. 11. 12. $56\frac{1}{3}$		7. 11. 46. $14\frac{2}{3}$	
14	6. 12. 12. $04\frac{2}{3}$		7. 12. 45. 23	
15	6. 13. 11. 13	34	7. 13. 44. $31\frac{1}{3}$	
16	6. 14. 10. $21\frac{1}{3}$		7. 14. 43. $39\frac{2}{3}$	
17	6. 15. 09. $29\frac{2}{3}$		7. 15. 42. 48	
18	6. 16. 08. 38		7. 16. 41. $56\frac{1}{3}$	40
19	6. 17. 07. $46\frac{1}{3}$		7. 17. 41. $04\frac{2}{3}$	
20	6. 18. 06. $54\frac{2}{3}$	35	7. 18. 40. 13	
21	6. 19. 06. 03		7. 19. 39. $21\frac{1}{3}$	
22	6. 20. 05. $11\frac{1}{3}$		7. 20. 38. $29\frac{2}{3}$	
23	6. 21. 04. $19\frac{2}{3}$		7. 21. 37. 38	
24	6. 22. 03. 28		7. 22. 36. $46\frac{1}{3}$	41
25	6. 23. 02. $36\frac{1}{3}$		7. 23. 35. $54\frac{2}{3}$	
26	6. 24. 01. $44\frac{2}{3}$	36	7. 24. 35. 03	
27	6. 25. 00. 53		7. 25. 34. $11\frac{1}{3}$	
28	6. 26. 00. $01\frac{1}{3}$		7. 26. 33. $19\frac{2}{3}$	
29	6. 26. 59. $09\frac{2}{3}$		7. 27. 32. 28	
30	6. 27. 58. 18		7. 28. 31. $36\frac{1}{3}$	
31	6. 28. 57. $26\frac{1}{3}$		7. 29. 30. $44\frac{2}{3}$	42

Moyens

Moyens mouvemens du Soleil.

Jours du mois.	SEPTEMBRE. MOYEN MOUVEMENT du SOLEIL. S. D. M. S.	APOGÉE. S.	OCTOBRE. MOYEN MOUVEMENT du SOLEIL. S. D. M. S.	APOGÉE. S.
1	8. 00. 29. 53	42	9. 00. 04. 02⅔	
2	8. 01. 29. 01⅓		9. 01. 03. 11	
3	8. 02. 28. 09⅔		9. 02. 02. 19⅓	
4	8. 03. 27. 18		9. 03. 01. 27⅔	
5	8. 04. 26. 26⅓		9. 04. 00. 36	48
6	8. 05. 25. 34⅔	43	9. 04. 59. 44⅓	
7	8. 06. 24. 43		9. 05. 58. 52⅔	
8	8. 07. 23. 51⅓		9. 06. 58. 01	
9	8. 08. 22. 59⅔		9. 07. 57. 09⅓	
10	8. 09. 22. 08		9. 08. 56. 17⅔	
11	8. 10. 21. 16⅓	44	9. 09. 55. 26	
12	8. 11. 20. 24⅔		9. 10. 54. 34⅓	49
13	8. 12. 19. 33		9. 11. 53. 42⅔	
14	8. 13. 18. 41⅓		9. 12. 52. 51	
15	8. 14. 17. 49⅔		9. 13. 51. 59⅓	
16	8. 15. 16. 58		9. 14. 51. 07⅔	
17	8. 16. 16. 06⅓	45	9. 15. 50. 16	
18	8. 17. 15. 14⅔		9. 16. 49. 24⅓	50
19	8. 18. 14. 23		9. 17. 48. 32⅔	
20	8. 19. 13. 31⅓		9. 18. 47. 41	
21	8. 20. 12. 39⅔		9. 19. 46. 49⅓	
22	8. 21. 11. 48		9. 20. 45. 57⅔	
23	8. 22. 10. 56⅓	46	9. 21. 45. 06	
24	8. 23. 10. 04⅔		9. 22. 44. 14⅓	
25	8. 24. 09. 13		9. 23. 43. 22⅔	51
26	8. 25. 08. 21⅓		9. 24. 42. 31	
27	8. 26. 07. 29⅔		9. 25. 41. 39⅓	
28	8. 27. 06. 38—		9. 26. 40. 47⅔	
29	8. 28. 05. 46⅓	47	9. 27. 39. 56	
30	8. 29. 04. 54⅔		9. 28. 39. 04⅓	
31			9. 29. 38. 12⅔	52

Moyens mouvemens du Soleil.

Jours du mois.	NOVEMBRE. MOYEN MOUVEMENT du SOLEIL.	APOGÉE.	DÉCEMBRE. MOYEN MOUVEMENT du SOLEIL.	APOGÉE.
	S. D. M. S.	S.	S. D. M. S.	S.
1	10. 00. 37. 21—		11. 00. 11. 30⅔	
2	10. 01. 36. 29+		11. 01. 10. 39	
3	10. 02. 35. 37⅓		11. 02. 09. 47⅓	58
4	10. 03. 34. 45⅔		11. 03. 08. 55⅔	
5	10. 04. 33. 54	53	11. 04. 08. 04	
6	10. 05. 33. 02⅓		11. 05. 07. 12⅓	
7	10. 06. 32. 10⅔		11. 06. 06. 20⅔	
8	10. 07. 31. 19		11. 07. 05. 29	59
9	10. 08. 30. 27⅓		11. 08. 04. 37⅓	
10	10. 09. 29. 35⅔		11. 09. 03. 45⅔	
11	10. 10. 28. 44	54	11. 10. 02. 54	
12	10. 11. 27. 52⅓		11. 11. 02. 02⅓	
13	10. 12. 27. 00⅔		11. 12. 01. 10⅔	60
14	10. 13. 26. 09		11. 13. 00. 19	
15	10. 14. 25. 17⅓		11. 13. 59. 27⅓	
16	10. 15. 24. 25⅔	55	11. 14. 58. 35⅔	
17	10. 16. 23. 34		11. 15. 57. 44	
18	10. 17. 22. 42⅓		11. 16. 56. 52⅓	
19	10. 18. 21. 50⅔		11. 17. 56. 00⅔	61
20	10. 19. 20. 59		11. 18. 55. 09	
21	10. 20. 20. 07⅓	56	11. 19. 54. 17⅓	
22	10. 21. 19. 15⅔		11. 20. 53. 25⅔	
23	10. 22. 18. 24		11. 21. 52. 34	
24	10. 23. 17. 32⅓		11. 22. 51. 42⅓	
25	10. 24. 16. 40⅔		11. 23. 50. 50⅔	62
26	10. 25. 15. 49		11. 24. 49. 59	
27	10. 26. 14. 57⅓	57	11. 25. 49. 07⅓	
28	10. 27. 14. 05⅔		11. 26. 48. 15⅔	
29	10. 28. 13. 14		11. 27. 47. 24	
30	10. 29. 12. 22⅓		11. 28. 46. 32⅓	
31			11. 29. 45. 40⅔	63

Suite de la Table des moyens mouvemens du Soleil.

Heures.	D.	M.	S.	Heures.	D.	M.	S.
Minutes.	M.	S.	T.	Minutes.	M.	S.	T.
Sec.	S.	T.	Q.	Sec.	S.	T.	Q.
0	0.	00.	00	30	1.	13.	55½
1	0.	02.	28 —	31	1.	16.	23
2	0.	04.	55 ½	32	1.	18.	51
3	0.	07.	23 ½	33	1.	21.	19
4	0.	09.	51 ½	34	1.	23.	47
5	0.	12.	19 +	35	1.	26.	14
6	0.	14.	47	36	1.	28.	42½
7	0.	17.	15	37	1.	31.	10
8	0.	19.	43 —	38	1.	33.	38
9	0.	22.	10 ½	39	1.	36.	06
10	0.	24.	38 ½	40	1.	38.	34
11	0.	27.	06 ⅓	41	1.	41.	02
12	0.	29.	34 +	42	1.	43.	29½
13	0.	32.	02	43	1.	45.	57
14	0.	34.	30	44	1.	48.	25
15	0.	36.	58 —	45	1.	50.	53
16	0.	39.	25 ½	46	1.	53.	21
17	0.	41.	53 ½	47	1.	55.	49
18	0.	44.	21 +	48	1.	58.	16½
19	0.	46.	49	49	2.	00.	24
20	0.	49.	17	50	2.	03.	12
21	0.	51.	45 —	51	2.	05.	40
22	0.	54.	12 ½	52	2.	08.	08
23	0.	56.	40 ½	53	2.	10.	36
24	0.	59.	08 ⅓	54	2.	13.	04
25	1.	01.	36	55	2.	15.	31
26	1.	04.	04	56	2.	17.	59½
27	1.	06.	32 —	57	2.	20.	27
28	1.	08.	59 ⅔	58	2.	22.	55
29	1.	11.	27 ½	59	2.	25.	23
30	1.	13.	55 ½	60	2.	27.	51

TABLE de l'équation du centre.

Anomalie moy.	Otez en descendant.						Anomalie moy.
	ANOMALIE MOYENNE DU SOLEIL.						
	Sig. O.	DIFFÉR.	I.	DIFFÉR.	I I.	DIFFÉR.	
	D. M. S.	M. S.	D. M. S.	M. S.	D. M. S.	M. S.	
0	0. 00. 00	1. 58 ½	0. 56. 47	1. 43	1. 39. 07	1. 01	30
1	0. 01. 58 ½	1. 58 ½	0. 58. 30	1. 42	1. 40. 08	0. 59	29
2	0. 03. 57	1. 58+	1. 00. 12	1. 41	1. 41. 07	0. 57	28
3	0. 05. 56—	1. 58	1. 01. 53	1. 40	1. 42. 04	0. 56	27
4	0. 07. 54+	1. 58	1. 03. 33	1. 39	1. 43. 00	0. 54—	26
5	0. 09. 52 ½	1. 58	1. 05. 12	1. 38	1. 43. 53 ½	0. 52+	25
6	0. 11. 50 ½	1. 58	1. 06. 50	1. 37	1. 44. 45	0. 50	24
7	0. 13. 49—	1. 57+	1. 08. 27	1. 35	1. 45. 35	0. 48	23
8	0. 15. 46	1. 57 ½	1. 10. 02	1. 35	1. 46. 23	0. 47	22
9	0. 17. 43 ½	1. 57+	1. 11. 37	1. 33	1. 47. 10	0. 44	21
10	0. 19. 41	1. 57	1. 13. 10	1. 32	1. 47. 54	0. 42	20
11	0. 21. 38—	1. 56	1. 14. 42	1. 30	1. 48. 36+	0. 40+	19
12	0. 23. 34	1. 56	1. 16. 12	1. 29+	1. 49. 17	0. 38	18
13	0. 25. 30	1. 55	1. 17. 41 ½	1. 27+	1. 49. 55	0. 37	17
14	0. 27. 25	1. 55	1. 19. 09	1. 26	1. 50. 32	0. 34+	16
15	0. 29. 20	1. 54	1. 20. 35+	1. 25	1. 51. 06 ½	0. 32	15
16	0. 31. 14	1. 54	1. 22. 00	1. 23	1. 51. 38 ½	0. 30+	14
17	0. 33. 08	1. 54	1. 23. 23+	1. 22	1. 52. 09	0. 29	13
18	0. 35. 02	1. 53—	1. 24. 45+	1. 21	1. 52. 38	0. 26	12
19	0. 36. 54 ½	1. 52+	1. 26. 06	1. 19	1. 53. 04	0. 25	11
20	0. 38. 47	1. 52	1. 27. 25	1. 18	1. 53. 29	0. 22	10
21	0. 40. 39	1. 50+	1. 28. 43	1. 16	1. 53. 51	0. 21	9
22	0. 42. 29 ½	1. 50	1. 29. 59—	1. 14	1. 54. 12	0. 18	8
23	0. 44. 19	1. 50	1. 31. 13	1. 13	1. 54. 30	0. 16	7
24	0. 46. 09	1. 49	1. 32. 26—	1. 11	1. 54. 46	0. 14	6
25	0. 47. 58	1. 47	1. 33. 37—	1. 09	1. 55. 00	0. 12	5
26	0. 49. 45	1. 47	1. 34. 46	1. 08	1. 55. 12	0. 10	4
27	0. 51. 32	1. 46	1. 35. 54	1. 06	1. 55. 22	0. 08	3
28	0. 53. 18	1. 45	1. 37. 00	1. 04	1. 55. 30	0. 06	2
29	0. 55. 03	1. 44	1. 38. 04	1. 03	1. 55. 36	0. 03	1
30	0. 56. 47		1. 39. 07		1. 55. 39		0
Anom.	XI.		X.		I X.		Anom.
	Ajoutez en montant.						

TABLE de l'équation du centre.

Otez en descendant.

ANOMALIE MOYENNE DU SOLEIL.

Anom. moy.	Sig. III.	Différ.	IV.	Différ.	V.	Différ.	Anom. moy.
D.	D. M. S.	M. S.	D. M. S.	M. S.	D. M. S.	M. S.	D.
0	1.55.39	0.1	1.41.13	1.01	0.58.52	1.46	30
1	1.55.40	0.0	1.40.12½	1.03	0.57.06	1.48	29
2	1.55.40+	0.1½	1.39.10	1.04	0.55.18	1.49	28
3	1.55.39	0.6	1.38.06	1.05	0.53.29½	1.50	27
4	1.55.33	0.8	1.37.00½	1.07	0.51.39+	1.50	26
5	1.55.25	0.9	1.35.53	1.10	0.49.50—	1.52	25
6	1.55.16	0.12	1.34.43	1.11	0.47.58	1.53	24
7	1.55.04—	0.14	1.33.32	1.13	0.46.05½	1.54	23
8	1.54.50	0.16	1.32.19	1.15	0.44.12	1.55	22
9	1.54.34½	0.18	1.31.04	1.16	0.42.17	1.56	21
10	1.54.17	0.20	1.29.47½	1.18	0.40.21	1.56	20
11	1.53.57½	0.22	1.28.30	1.19	0.38.25	1.57	19
12	1.53.36	0.24	1.27.11	1.22	0.36.28	1.58	18
13	1.53.13	0.26	1.25.49	1.24	0.34.30	1.58	17
14	1.52.46	0.28	1.24.25	1.25	0.32.32½	1.59	16
15	1.52.18	0.30	1.22.59½	1.26	0.30.33	1.59	15
16	1.51.48	0.32	1.21.33	1.28	0.28.34	2.01	14
17	1.51.16	0.34	1.20.05	1.30	0.26.33+	2.01	13
18	1.50.41½	0.36	1.18.35½	1.31	0.24.32+	2.01	12
19	1.50.05	0.38	1.17.05	1.33	0.22.31	2.01	11
20	1.49.27	0.41	1.15.32	1.34	0.20.30	2.02	10
21	1.48.46	0.43	1.13.58	1.35	0.18.28+	2.02	9
22	1.48.03	0.44	1.12.23	1.37	0.16.26	2.02	8
23	1.47.19	0.46	1.10.46	1.38	0.14.24	2.03	7
24	1.46.33	0.48	1.09.08	1.39	0.12.21	2.03	6
25	1.45.44½	0.50	1.07.29	1.41	0.10.18	2.03	5
26	1.44.54	0.52	1.05.48	1.42	0.08.15	2.04	4
27	1.44.02	0.55	1.04.06	1.43	0.06.11	2.04	3
28	1.43.07	0.56	1.02.23	1.45	0.04.07½	2.04	2
29	1.42.11	0.58	1.00.38	1.46	0.02.04	2.04	1
30	1.41.13		0.58.52		0.00.00		0
Anom.	VIII.		VII.		VI.		Anom.

Ajoutez en montant.

TABLE de l'Équation du TEMPS.

ANOM. moy.	Otez en descendant.						ANOM. moy.
	Sig. O.	I.	II.	III.	IV.	V.	
D.	M. S.	M. S.	M. S.	M. S.	M. S.	M. S.	D.
0	0.00	3.47	6.36	7.42	6.44½	3.56	30
1	0.08	3.54	6.40	7.42	6.40	3.49	29
2	0.16	4.00½	6.44	7.42½	6.36	3.42	28
3	0.24–	4.07	6.48	7.42	6.32	3.34	27
4	0.32	4.13	6.52	7.42	6.28	3.27	26
5	0.39½	4.20	6.56	7.41	6.24	3.20	25
6	0.48	4.26	6.59	7.41	6.20	3.12	24
7	0.55	4.33	7.02	7.40½	6.15	3.04	23
8	1.03	4.39½	7.05	7.40	6.10	2.56	22
9	1.10	4.46	7.08	7.39	6.04	2.48	21
10	1.18½	4.52½	7.11	7.37½	5.59	2.40½	20
11	1.27	4.58½	7.13	7.37	5.53	2.32	19
12	1.35	5.05	7.16	7.36	5.47	2.25	18
13	1.42	5.11	7.18	7.34	5.42	2.18	17
14	1.50	5.16	7.21	7.32	5.37	2.10	16
15	1.57	5.22	7.24	7.29½	5.32	2.02	15
16	2.05	5.27	7.26	7.27	5.26	1.54	14
17	2.12	5.32	7.28	7.25	5.20	1.46	13
18	2.20	5.37½	7.30	7.23	5.14	1.38	12
19	2.27	5.43	7.32	7.20	5.08	1.30	11
20	2.35	5.49	7.33	7.18	5.02	1.22	10
21	2.42½	5.54	7.35	7.15	4.56	1.14	9
22	2.50	6.00	7.37	7.12	4.50	1.06	8
23	2.57	6.05	7.38	7.09	4.43	0.57½	7
24	3.05	6.10	7.39	7.06	4.37	0.49	6
25	3.12	6.14	7.40	7.03	4.31	0.41	5
26	3.19	6.19	7.41	7.00	4.24	0.33	4
27	3.26	6.24	7.41	6.56	4.18	0.24	3
28	3.33	6.28	7.41½	6.52½	4.11½	0.16	2
29	3.40	6.32	7.42	6.49	4.04	0.08	1
30	3.47	6.36	7.42	6.44½	3.56	0.00	0
	XI.	X.	IX.	VIII.	VII.	VI.	
ANOM. moyenne.	Ajoutez en montant.						ANOM. moyenne.

TABLE de l'Équation du TEMPS.

Lieu du SOLEIL.	Otez en descendant.						Lieu du SOLEIL.
	0 ♈ VI ♎		I ♉ VII ♏		II ♊ VIII ♐		
Degrés.	M.	S.	M.	S.	M.	S.	Degrés.
0	0.	00	8.	24	8.	45	30
1	0.	20	8.	34	8.	35	29
2	0.	40	8.	44	8.	24	28
3	1.	00	8.	54	8.	13	27
4	1.	19	9.	02	8.	01	26
5	1.	39	9.	10	7.	48	25
6	1.	59	9.	17	7.	34	24
7	2.	18	9.	24	7.	20	23
8	2.	37	9.	30	7.	06	22
9	2.	57	9.	35	6.	50	21
10	3.	16	9.	40	6.	35	20
11	3.	34	9.	44	6.	18	19
12	3.	52	9.	48	6.	02	18
13	4.	10	9.	50	5.	44	17
14	4.	28	9.	52	5.	27	16
15	4.	46	9.	53	5.	08	15
16	5.	04	9.	53 ½	4.	50	14
17	5.	20	9.	53	4.	31	13
18	5.	37	9.	53	4.	11	12
19	5.	53	9.	51	3.	52	11
20	6.	09	9.	49	3.	32	10
21	6.	25	9.	46	3.	11	9
22	6.	40	9.	42	2.	51	8
23	6.	54	9.	38	2	30	7
24	7.	09	9.	31	2.	09	6
25	7.	23	9.	25	1.	48	5
26	7.	36	9.	19	1.	26	4
27	7.	48	9.	12	1.	05	3
28	8.	01	9.	04	0.	43	2
29	8.	13	8.	55	0.	22	1
30	8.	24	8.	45	0.	00	0
	XI ♓ V ♍		X ♒ IV ♌		IX ♑ III ♋		
Lieu du SOLEIL.	Ajoutez en montant.						Lieu du SOLEIL.

TABLE de l'inégale précession de l'Équinoxe.

Années.	NŒUD MOYEN DE LA LUNE.				Précession	Années.	NŒUD MOYEN DE LA LUNE.				Précession
	S.	D.	M.	S.	Sec.		S.	D.	M.	S.	Sec.
1701	4.	27.	59.	18	+ 4,4	1760	2.	26.	48.	16	18,0
1731	9.	17.	45.	32	17,0	1761	2.	07.	28.	33	16,6
1732	8.	28.	22.	38	18,0	1762	1.	18.	08.	50	13,4
1733	8.	09.	02.	55	16,8	1763	0.	28.	49.	07	8,7
1734	7.	19.	43.	11	13,7	1764	0.	09.	26.	12½	— 2,8
1735	7.	00.	23.	28	9,1	1765	11.	20.	06.	30	+ 3,1
1736	6.	11.	00.	34	+ 3,5	1766	11.	00.	46.	45	8,8
1737	5.	21.	40.	51	— 2,0	1767	10.	11.	27.	02½	13,5
1738	5.	02.	21.	08	8,4	1768	9.	22.	04.	09	16,6
1739	4.	13.	01.	25	13,2	1769	9.	02.	44.	26	18,0
1740	3.	23.	38.	31	16,5	1770	8.	13.	24.	43	17,2
1741	3.	04.	18.	48	18,0	1771	7.	24.	05.	00	14,6
1742	2.	14.	59.	06	17,3	1772	7.	04.	42.	06	10,1
1743	1.	25.	39.	23	14,8	1773	6.	15.	22.	23	+ 4,7
1744	1.	06.	16.	29	10,7	1774	5.	26.	02.	40	— 1,3
1745	0.	16.	56.	46	— 5,9	1775	5.	06.	42.	57	7,1
1746	11.	27.	37.	03	+ 1,1	1776	4.	17.	20.	04	12,2
1747	11.	08.	17.	20	6,7	1777	3.	28.	00.	21	15,9
1748	10.	18.	54.	26	12,0	1778	3.	08.	40.	38	17,8
1749	9.	29.	34.	43	15,8	1779	2.	19.	20.	54	17,7
1750	9.	10.	15.	00	17,7	1780	1.	29.	58.	00	15,6
1751	8.	20.	55.	17	17,8	1781	1.	10.	38.	16	11,7
1752	8.	01.	32.	23	15,8	1782	0.	21.	18.	33	6,7
1753	7.	12.	12.	40	12,0	1783	0.	01.	58.	50	— 0,2
1754	6.	22.	52.	56	7,0	1784	11.	12.	35.	56	+ 5,4
1755	6.	03.	33.	13	+ 1,2	1785	10.	23.	16.	13	10,8
1756	5.	14.	10.	19	— 5,0	1786	10.	03.	56.	30	15,0
1757	4.	24.	50.	36	10,4	1787	9.	14.	36.	47	17,3
1758	4.	05.	30.	53	14,7	1788	8.	25.	13.	54	18,0
1759	3.	16.	11.	10	17,2	1789	8.	05.	54.	11	16,4
1760	2.	26.	48.	16	18,0	1790	7.	16.	34.	28	13,0

TABLE du demi-diamètre du Soleil & du mouvement horaire.

ANOMALIE moyenne.	Demi-diamètre.	Mouvement horaire.	ANOMALIE moyenne.
S. D.	M. S.	M. S.	S. D.
O. 00	15.47	2.23	XII. 00
10	15.47,2	2.23	20
20	15.47,9	2.23,2	10
I. 00	15.49,0	2.23,6	XI. 00
10	15.50,6	2.24,1	20
20	15.52,5	2.24,7	10
II. 00	15.54,7	2.25,3	X. 00
10	15.57,2	2.26,0	20
20	15.59,8	2.26,8	10
III. 00	16.02,6	2.27,7	IX. 00
10	16.05,4	2.28,6	20
20	16.08,0	2.29,4	10
IV. 00	16.10,6	2.30,2	VIII. 00
10	16.13,0	2.31,0	20
20	16.15,1	2.31,7	10
V. 00	16.16,8	2.32,2	VII. 00
10	16.18,1	2.32,6	20
20	16.19,0	2.32,8	10
VI. 00	16.19,2	2.32,9	VI. 00

ÉQUATION pour l'obliquité de l'Écliptique, selon Bradley.

Ajoutez dans les six premiers signes.

Distance du ☊ de la ☾ à ♈.	O. / VI.	I. / VII.	II. / VIII	Distance du ☊ de la ☾ à ♈.
Degrés.	Sec.	Sec.	Sec.	Degrés.
0	9,0	7,8	4,5	30
5	9,0	7,4	3,8	25
10	8,9	6,9	3,1	20
15	8,7	6,4	2,3	15
20	8,5	5,8	1,6	10
25	8,2	5,2	0,8	5
30	7,8	4,5	0,0	0
☊ ☾—♈	V. / XI.	IV. / X.	III. / IX.	☊ ☾—♈

Otez dans les six derniers signes.

La plus grande obliquité apparente de dix-neuf en dix-neuf ans, lorsque le nœud reparoît en ♈.

Suite des Époques des moyens mouvemens de la Lune.

Années.	Moyen mouvement.	Apogée.	☊ Rétrograde.
	S. D. M. S.	S. D. M. S.	S. D. M. S.
1760 B.	2. 21. 38. 39	7. 07. 57. 20	2. 26. 48. 16
1761	7. 01. 01. 42½	8. 18. 37. 11	2. 07. 28. 33
1762	11. 10. 24. 46	9. 29. 17. 01	1. 18. 08. 50
1763	3. 19. 47. 50	11. 09. 56. 52	0. 28. 49. 07
1764 B.	8. 12. 21. 28	0. 20. 43. 23	0. 09. 26. 13
1765	0. 21. 44. 31	2. 01. 23. 13	11. 20. 06. 30
1766	5. 01. 07. 34	3. 12. 03. 04	11. 00. 46. 46
1767	9. 10. 30. 48	4. 22. 42. 55	10. 11. 27. 03
1768 B.	2. 03. 04. 17	6. 03. 29. 28	9. 22. 04. 09
1769	6. 12. 27. 21	7. 14. 09. 18	9. 02. 44. 26
1770	10. 21. 50. 24	8. 24. 49. 08	8. 13 24. 43
1771	3. 01. 13. 28	10. 05. 28. 58	7. 24. 05. 00
1772 B.	7. 23. 47. 06	11. 16. 15. 30	7. 04. 42. 06
1773	0. 03. 10. 10	0. 26. 55. 21	6. 15. 22. 22
1774	4. 12. 33. 13	2. 07. 35. 11	5. 26. 02. 40
1775	8. 21. 56. 17	3. 18. 15. 01	5. 06. 42. 57
1776 B.	1. 14. 29. 55	4. 29. 01. 33	4. 17. 20. 03
1777	5. 23. 52. 59	6. 09. 41. 24	3. 28. 00. 20
1778	10. 03. 16. 02	7. 20. 21. 14	3. 08. 40. 37
1779	2. 12. 39. 06	9. 01. 01. 05	2. 19. 20. 54
1780 B.	7. 05. 12. 44	10. 11. 47. 37	1. 29. 58. 00

Cette Table est la continuation des époques, *page 157 des Institutions astronomiques.*

En consultant comme on l'a fait, *page 156 des Institutions*, les résultats du moyen mouvement de la Lune en mille ans, qu'ont données, il y a cent cinquante ans, Képler & Bouillaud, & les comparant à ceux que nos Modernes venoient d'établir par des observations plus récentes, la différence paroît sensible & indiqueroit l'accélération du mouvement de la Lune: car Képler donne 6^{s} 18^{d} $08'$ $30''$, au lieu que Flamstéed & Halley supposent 6^{s} 18^{d} $24'$ $10''$; ainsi la différence ou l'accélération seroit, suivant ceux-ci, de $1'$ $34''$ par siècle sur ce qu'avoit établi Képler: d'autres, à cause de la précession $50''\frac{1}{3}$, dont l'équinoxe rétrograde de 30 secondes de plus en cent ans, l'ont voulu doubler. Par la comparaison des observations faites il y a cent ans, en assez grand nombre, avec celles de notre troisième période, il sera aisé d'en établir la juste quantité. Dans la demi-période lunaire, publiée en 1749 à la suite des Tables de Halley, nous avions déjà remarqué plus d'erreurs négatives que de positives, & c'est ce qui avoit sans doute fait avancer d'une minute en 1726, l'époque des moyens mouvemens de la Lune, donnée par Newton dans la troisième édition de ses Principes mathématiques.

De la distance vraie de quelques Étoiles pour vérifier les Mégamètres.

Dans le Recueil d'expériences sur les longitudes que M. de Charnières publia à son retour d'Amérique en 1768 ; on trouve la distance des Étoiles α & β du petit Chien $4^d\ 17'\ 16''$, dans la supposition que les ascensions droites & déclinaisons de ces deux Étoiles ont été bien observées *, ce qui pourroit d'abord paroître douteux, comme on le va bientôt voir par ce qui sera dit des étoiles d'Orion ; en effet, si on se donne la peine d'en comparer les observations récentes, à d'autres qui ont été publiées aux Éphémérides, on y trouvera une différence sensible : d'ailleurs la distance des deux Étoiles ci-dessus, ne doit pas être constante, parce que les Étoiles de la première grandeur ne sont pas fixes absolument & qu'après cinquante

* Entre α & γ du petit Chien, différence en ascension droite à la pendule règlée, à raison de 24 heures pour 360 degrés du Ciel étoilé, on a trouvé $0^d\ 11'\ 37''$, en déclinaison $3^d\ 34'\ 33''$; mais entre α & β $0^h\ 12'\ 35''\frac{1}{4}$ & en déclinaison $2^d\ 56'\ 18''$; donc distances absolues $4^d\ 35'\ 22''$, $4^d\ 17'\ 13''\frac{1}{2}$.

ou cent ans on leur remarque un mouvement de quelques minutes.

Si donc l'Obſervateur a ébauché ſa Table des parties du mégamètre, à l'aide des diamètres du Soleil qu'on trouve ici *page 73*, il pourra ſe ſervir enſuite de quelques-unes des trois étoiles de la Ceinture d'Orion ou de la diſtance de Caſtor & Pollux.

I. Au commencement de Mars des années 1770 & 1771, on a trouvé entre les deux Étoiles les plus orientales ϵ & ζ d'Orion, en aſcenſion droite $1^d\ 09'\ 15''$, & en déclinaiſon $0^d\ 42'\ 57''\frac{1}{2}$; donc *leur vraie diſtance* a dû être $1^d\ 27'\ 10''$.

II. Entre la 1.re Étoile δ & la 3.e ζ d'Orion, la différence en aſcenſion droite étoit $2^d\ 13'\ 20''$, & en déclinaiſon $1^d\ 35'\ 45''$ ou $44''$; on aura donc *leur vraie diſtance* $2^d\ 44'\ 10''\frac{1}{2}$.

Dans le volume de l'Académie des Sciences de 1769, on trouvera les autres détails ſur la diſtance de Caſtor & Pollux ou des têtes des Gémeaux, ſavoir entre α & β *la vraie diſtance* $4^d\ 31'\ 34$ ou $35''$.

Il ne paroît pas que ces deux dernières étoiles aient eu de mouvement ſenſible depuis la fin du ſiècle précédent, puiſqu'à peine trouve-t-on cette diſtance plus grande de 10 à 15 ſecondes pour lors, & que les inſtrumens dont on ſe ſervoit alors, n'étoient pas auſſi finement diviſés que ceux qu'on y vient d'employer, ni d'un auſſi grand rayon.

Comme il eſt très-avéré depuis long-temps que les étoiles de la 1.re grandeur ne ſont pas abſolument fixes, mais qu'elles ont un mouvement réel & dans une direction que les théories phyſiques n'ont ſu déterminer juſqu'à ce jour ; il eſt donc néceſſaire de recourir à la voie d'obſervation.

C'eſt ce qui a été d'abord pratiqué dans le diſcours préliminaire de l'Hiſtoire Céleſte, où l'on a diſcuté pour la première fois les aſcenſions droites & déclinaiſons des Étoiles de la première grandeur, ce qui donna lieu à quelques Eſſais publiés *page 398 des Inſtitutions Aſtronomiques ;* mais il faut y rectifier la longitude d'*Antarès* qui eſt 60 ſecondes trop avancée, conformément à ce qui provient en effet du calcul de son ascension droite & déclinaison qu'on a publié pour lors; d'ailleurs en cinquante ans la précession de l'équinoxe étant admise de 15 secondes plus grande, les Étoiles qui n'ont aucun mouvement sensible, s'éloigneroient donc au lieu de 41′ 40″ en cinquante ans, de 41′ 55″ du premier point du Bélier ou de l'équinoxe, à quoi il faut avoir égard.

On voit par-là que de quatre Étoiles du zodiaque de la 1.re grandeur, il y en auroit déjà trois dont le mouvement en longitude seroit contre l'ordre des signes, savoir *Aldebaran, Antarès* & *Regulus;* cependant cette dernière ne paroît pas avoir un mouvement bien sensible, ainsi que je l'ai reconnu depuis, & cette recherche exige, à ce qu'il semble, un examen particulier ou critique sévère des observations qui en ont été faites dans le siècle précédent & dans ces jours-ci; à l'égard d'*Aldebaran* ou α dans l'œil du Taureau, cette Étoile a été tant de fois comparée à celle des Hyades qui l'environnent, qu'il n'est nullement difficile de règler son mouvement apparent en longitude, de même que ses latitudes, puisqu'elles ne sont pas constantes; cette dernière voie qui n'avoit pas été tentée jusqu'ici, paroît préférable à ce que l'on auroit pu déduire des passages par le méridien, étant très-certain d'ailleurs, que les mouvemens en sont réguliers & uniformes.

J'ai déjà fait voir dans le Volume de l'Académie des Sciences de l'année 1769, qu'*Arcturus* se mouvoit plus lentement que selon les loix de la précession moyenne des équinoxes : cette Étoile a un mouvement de longitude contre l'ordre des signes, d'une minute en cent ans, ce qui est bien inférieur à son mouvement réel en latitude, qui s'accroît jusqu'à 4 minutes en un pareil intervalle de temps.

Les deux étoiles α du Cygne & α d'Orion, paroissent aussi avoir un mouvement réel rétrograde ou contre l'ordre des signes, mais elles sont rarement employées aux recherches des longitudes à la Mer : il étoit néanmoins nécessaire d'en avertir pour les cas où il s'agiroit de mesurer leur distance au bord de

la

la Lune avec l'octant, au contraire α de l'Aigle auroit accéléré ſon mouvement en longitude d'environ un quart de minute en cinquante ans, c'eſt-à-dire au-delà de ce qu'elle paroîtroit d'ailleurs s'avancer ſuivant l'ordre des ſignes, à cauſe de la moyenne préceſſion de l'équinoxe; enfin, comme ſon mouvement en latitude eſt peu ſenſible, cette Étoile n'a pas, à beaucoup près, un auſſi grand mouvement réel que celui qu'il faut attribuer à *Arcturus.*

L'Étoile du grand Chien ou *Sirius*, a un mouvement en latitude aſſez ſenſible & qui eſt environ le tiers de celui d'*Arcturus*, ſans que la direction de ſon mouvement réel ſoit pour cela dans le ſens de la latitude: *Sirius* ſe meut encore tant ſoit peu contre l'ordre des ſignes, en ſorte qu'il a été néceſſaire de règler la quantité de ces mouvemens, à l'aide des plus récentes obſervations.

Préſentement, nous ferons uſage de ces variations dans les deux Tables générales; celle qui concerne l'aſcenſion droite & la déclinaiſon des Étoiles, renferme leur variation apparente, de manière que le Navigateur

trouvera réuni dans une même colonne ce qui appartient annuellement à la précession moyenne de l'équinoxe & au mouvement réel de l'Étoile, tant en ascension droite qu'en déclinaison : par-là il découvrira avec plus de certitude, à la Mer, l'heure où la latitude observée au passage de ces Étoiles par le méridien dans les crépuscules, qu'en se servant des Tables vulgaires; l'autre Table renferme aussi pareillement les variations composées en longitude de ces Étoiles, & par une règle de trois, il sera facile de rectifier la latitude des mêmes Étoiles; cette opération doit précéder le calcul de leur distance au bord de la Lune, observée à la Mer, soit avec le mégamètre, soit avec l'octant.

Il est à remarquer que la réfraction n'accourcit pas sensiblement la distance de deux astres lorsqu'ils sont à la même hauteur, & qu'ainsi l'on peut absolument en négliger les effets, dans ce cas-là uniquement où il s'agit d'en déduire la longitude vraie ou apparente de la Lune; ou bien lorsqu'il s'agira de

vérifier au contraire la Table du mégamètre, soit au commencement du printemps par les Têtes des Gémeaux ou par les Étoiles d'Orion, &c. après le coucher du Soleil, dans notre zone tempérée, soit avant le lever du Soleil sur la fin de l'automne; dans tout autre cas il faudra avoir égard à la différence des réfractions.

Le Navigateur, selon le climat où il se trouve, pourra faire usage de la Table de Newton ou de la nôtre, insérées *page 418 des Institutions astronomiques; & ci-après page 105;* nous ne rapporterons que ce qui convient à notre climat lorsque l'air est tempéré & qui admet 50 secondes de réfraction pour la latitude ou hauteur du pôle de Paris, car elle n'excède pas cette valeur.

Un calcul ébauché, donne à la vérité $2''\frac{1}{2}$ en excès dans nos jours sereins d'hiver, mais il y en a autant en défaut ou à soustraire dans nos plus belles saisons d'été: quant à la variation du baromètre, elle influe bien moins encore sur les effets de la réfraction, & par cette raison peut être négligée

à la mer, si ce n'est pour les plus basses hauteurs du Soleil; en effet à 5 degrés de hauteur, 20 degrés du chaud au froid donnent au moins une minute de variation & environ les deux tiers ou 40 secondes de changement de réfraction pour un pouce de chute au baromètre.

Nous voici bientôt arrivés à la saison favorable des appulses des Étoiles des Hyades à la Lune : comme les nœuds de la Lune rétrogradent & achèvent leur révolution en dix-neuf ans, & que ces Étoiles qui environnent l'œil du Taureau, se trouvent presque au limite austral de la latitude de la Lune, il faudra consulter pendant deux à trois ans le Zodiaque gravé par d'Heulland : avec les lunettes achromatiques, je ne doute pas qu'à la Mer l'on ne puisse observer quelque immersion ou émersion de ces Étoiles sous le Croissant de la Lune, peu de temps après ou avant la nouvelle Lune; c'est aussi dans ce cas-là que les octans ne donnent pas assez de précision, à cause que le Croissant est trop délié pour le comparer en plein jour au

Soleil; on trouvera dans un Ouvrage que j'ai fait imprimer au Louvre, au temps de la période précédente & qui est joint à ce Zodiaque, quelques instructions relatives à ces occultations d'Étoiles; au reste, les positions des Hyades & Pléïades ont été suffisamment rectifiées, & si on en desire plus de détail, on peut voir le 3.e Cahier des Observations de la Lune, ou ce que j'en ai communiqué à celui qui a construit la Carte insérée au Zodiaque, gravé par d'Heulland & qui se trouve actuellement au Dépôt de la Marine.

En général, les Étoiles situées proche le limite austral ou boréal, sont plus assujetties à être éclipsées à différens mois lunaires consécutifs, au retour de chaque période ou révolution des nœuds; les Hyades comprennent d'ailleurs plus d'étendue au Zodiaque que n'en renferment les Pléïades, aussi leurs appulses au disque lunaire deviennent-elles par cette raison plus fréquentes: j'insiste aussi sur l'usage des lunettes achromatiques, parce qu'on peut les tenir à la main sur le vaisseau, & que leur champ très-vaste, joint à la clarté des Étoiles dont elles ramaſſent plus de rayons que ne font les lunettes aſtronomiques ordinaires, ſemblent en aſſurer déſormais le ſuccès, pour peu que les Navigateurs s'attachent aux appulſes ou occultations des Étoiles zodiacales par la Lune.

Rien n'approche de la préciſion qu'on peut obtenir à la Mer à l'aide des occultations des Étoiles ſous le diſque de la Lune, & c'eſt ce qui a été tant recommandé aux Navigateurs depuis plus de cinquante ans.

Il eſt vrai que pour en faire uſage ils doivent être munis d'une Carte du zodiaque, & que ce n'a été qu'en ces dernières années que l'on a acquis pour la Marine du Roi, les Planches que le Graveur, dont j'ai parlé, en avoit faites ſous mes yeux avec le plus grand ſoin; il n'y a donc nulle difficulté de cette part qui puiſſe retarder le zèle de nos jeunes Navigateurs, lorſqu'ils s'embarquent dans les Ports du Roi.

Divers avantages ſont réunis en faveur de ces occultations d'Étoiles qu'on peut voir dans le Croiſſant ou dans le décours de la

Lune. La lumière de cet aſtre eſt trop foible pour les effacer ; les lunettes achromatiques viennent par leur vaſte champ & par l'abondance de leur lumière, à leur ſecours ; les obſervations des périodes lunaires qui précèdent, ſont aſſez multipliées ; enfin il eſt plus aiſé de prendre pour lors les hauteurs de la Lune qu'en pleine nuit ou nuit cloſe, parce qu'on les a pu réitérer lorſqu'on a vu l'horizon après le coucher du Soleil, ou bien dans le décours, une heure ou environ avant ſon lever.

Quant aux quatre Étoiles de la 1.re grandeur, Aldebaran, *Regulus*, l'Épi & *Antarès*, ſi le Navigateur conſulte la Carte zodiacale au défaut des Éphémérides, il ſera toujours à portée d'en prévoir les Éclipſes.

Les Planètes qui ſe trouvent fort près du Soleil, pourroient être encore comparées avec avantage aux croiſſans de la Lune, parce qu'on les aperçoit avant les Étoiles fixes dans le crépuſcule du ſoir, & qu'au contraire on peut prolonger aſſez ces obſervations dans les crépuſcules du matin, pour mesurer leur hauteur sur l'horizon ; cela regarde moins leur occultation que leur distance, & sur-tout celles qui seroient mesurées avec le mégamètre ; mais cela suppose les Éphémérides bien calculées, & c'est à la prudence du Navigateur ou plutôt aux avis qu'il en recevra avant son départ, à décider s'il doit tenter cette voie que la Nature nous offre si naturellement à la Mer.

Cette digression a paru nécessaire, puisqu'on ne sauroit trop recommander aux Navigateurs, fondé sur toutes les raisons que l'on vient de déduire succintement, les observations pour la recherche des Longitudes qu'il faudroit ne pas négliger aux environs de la nouvelle Lune.

En 1759, j'ai publié l'ascension droite de plusieurs Étoiles zodiacales au nombre de 380, auxquelles j'avois comparé la Lune à son passage par le méridien. Comme il a été facile d'en conclure les déclinaisons par les Observations mêmes qui furent publiées en même-temps, on ne donnera ici que les principales ou celles de la 2.e & 3.e grandeur, réduites à 1770.

ASCENSION droite & déclinaiſon des Étoiles zodiacales.

NOMS des ÉTOILES.	ASCENSION droite en 1770.	Mouvement annuel.	DÉCLINAISON au 1.er Janvier 1770.	Mouvement annuel.
	D. M. S.	Sec.	D. M. S.	Sec.
γ du Bélier....	25.14.10	48,9	18.09.50 B.	+18,2
β..........	25.29.40	49,2	19.40.45 B.	18,1
δ..........	44.29.22½	50,9	18.50.04 B.	14,3
η des Pléiades..	53.27.30	53,1	23.22.40 B.	12,0
ε du Taureau.	63.48.05	52,0	18.39.10 B.	8,9
β..........	77.56.35	56,7	28.23.32½ B.	4,3
ζ..........	80.58.35	53,8	20.58.57½ B.	+13,2
α des Gémeaux	109.58.17½	58,2	32.22.20 B.	— 6,8
β..........	112.48.20	56,3	28.33.50 B.	7,7
δ de l'Écreviſſe.	127.53.20	51,7	18.59.20 B.	12,3
2.e α.......	131.28.00	51,0	12.44.20 B.	13,3
ε du Lion....	143.11.10	51,8	24.49.20 B.	16,0
β..........	174.19.35	46,8	15.51.20 B.	19,9
β de la Vierge.	174.40.00	46,2	3.03.45 B.	19,6
μ..........	217.44.35	47,2	4.37.00 A.	+12,2
α de la Balance.	219.33.07½	49,6	15.04.20 A.	15,5
β..........	226.10.00	48,3	8.31.10 A.	14,0
β du Scorpion.	238.01.20	52,1	19.09.07½ A.	10,7
ε..........	248.50.10	58,5	33.50.50 A.	07,4
σ du Sagittaire.	280.15.00	56,1	26.33.40 A.	— 3,5
υ..........	282.43.22½	54,1	22.03.30 A.	4,4
α du Capricorne	301.14.00	51,9	13.14.35 A.	10,3
β..........	302.01.12½	50,9	15.29.30 A.	10,5
δ..........	323.34.27½	49,8	17.09.32 A.	16,1
β du Verſeau.	319.51.40	47,7	6.34.15 A.	15,3
α 2.e.......	328.29.20	46,5	1.25.40 A.	17,1
δ..........	340.36.15	48,3	17.02.17½ A.	—18,9

TABLE générale du mouvement

NOMS des ÉTOILES.	ASCENSION droite. 1750.			ASCENSION droite. 1770.			DIFFÉR. ou mouvement annuel.
	D.	M.	S.	D.	M.	S.	Secondes.
La Polaire....	10.	42.	00	11.	34.	40	158,0
α du Bélier....	28.	17.	10	28.	33.	50	50,0
Aldebaran.....	65.	23.	55	65.	41.	15	52,0
α de la Chèvre.	74.	33.	50	74.	55.	50	66,0
Rigel.......	75.	37.	55	75.	52.	19	43,2
α d'Orion....	85.	24.	50	85.	41.	30	49,8
Sirius......	98.	32.	00	98.	45.	16	39,8
Procyon.....	111.	32.	55	111.	48.	50	47,8
α de l'Hydre..	138.	49.	40	139.	04.	20	44,4
Regulus......	148.	45.	15	149.	01.	30	48,6
α de la Vierge.	198.	00.	50	198.	16.	35	47,2
Arcturus.....	211.	04.	00	211.	18.	06	42,3
Antarès......	243.	31.	50	243.	50.	18	55,2
α de la Lyre...	277.	07.	12½	277.	17.	25	30,1
α de l'Aigle...	294.	38.	50	294.	53.	20	43,8
α du Cygne..	308.	13.	50	308.	24.	10	31,0
Fomalhaut....	340.	56.	30	341.	13.	02	50,1
α de Pégase....	343.	04.	30	343.	19.	24	44,7
α d'Andromède.	358.	52.	40	359.	08.	00	46,0

des Étoiles de la première grandeur.

NOMS des ÉTOILES.	DÉCLINAISON pour 1750.	DÉCLINAISON pour 1770.	MOUV. annuel.
	D. M. S.	D. M. S.	Sec.
La Polaire......	87. 58. 00 B.	88. 04. 35	19,8
α du Bélier.....	22. 16. 30 B.	22. 22. 14	17,2
Aldebaran......	15. 59. 00 B.	16. 01. 50	08,2
α de la Chèvre...	45. 42. 50 B.	45. 44. 55	04,8
Rigel.........	8. 30. 25 A.	8. 28. 50	04,8
α d'Orion......	7. 20. 35 B.	7. 20. 57	01,1
Sirius.........	16. 23. 30 A.	16. 24. 47½	03,9
Procyon.......	5. 51. 05 B.	5. 47. 50	09,8
α de l'Hydre....	7. 35. 10 A.	7. 40. 10	16,5
Regulus........	13. 11. 05 B.	13. 05. 45	16,3
l'Épi de la Vierge.	09. 50. 25 A.	9. 57. 10	19,0
Arcturus.......	20. 30. 05 B.	20. 23. 20	20,0
Antarès........	25. 50. 59 A.	25. 53. 40	08,1
α de la Lyre....	38. 34. 19 B.	38. 35. 20	3,0
α de l'Aigle.....	8. 13. 50 B.	8. 16. 40	8,5
α du Cygne....	44. 23. 58 B.	44. 28. 12	12,7
Fomalhaut......	30. 56. 35 A.	30. 50. 00	17,4
Markab.......	13. 51. 57 B.	13. 58. 30	18,2
α d'Andromède.	27. 42. 35 B.	27. 49. 10	20,0

TABLE *générale du mouvement*

NOMS des ÉTOILES.	LONGITUDE en 1750.				LONGITUDE en 1770.			
		D.	M.	S.		D.	M.	S.
α d'Andromède..	♈	10.	49.	50	♈	11.	06.	25
α du Bélier.....	♉	4.	10.	15	♉	4.	27.	00
Aldebaran.......	♊	6.	17.	30	♊	6.	34.	36½
Rigel...........		13.	20.	10		13.	46.	55
α de la Chèvre..		18.	21.	50		18.	38.	35
La Polaire......		25.	03.	58		25.	20.	46
α d'Orion.......		25.	16.	05		25.	33.	10
Sirius..........	♋	10.	38.	15	♋	10.	54.	55
Procyon.........		22.	20.	10		22.	36.	55
α de l'Hydre.....	♌	23.	48.	20	♌	24.	05.	05
Regulus.........		26.	20.	57½		26.	37.	47½
α de la Vierge...	♎	20.	21.	10	♎	20.	37.	55
Arcturus........		20.	44.	40		21.	01.	15
Antarès.........	♐	6.	16.	25	♐	6.	33.	12½
α de la Lyre.....	♑	11.	48.	55	♑	12.	05.	57½
α de l'Aigle.....		28.	14.	55		28.	31.	52½
Fomalhaut.......	♓	0.	20.	15	♓	0.	36.	55
α du Cygne.....		1.	53.	45		2.	10.	40
α de Pégase.....		20.	00.	00		20.	16.	40

des Étoiles de la première grandeur.

NOMS des ÉTOILES.	LATITUDE en 1750.	LATITUDE en 1770.
	D. M. S.	*D. M. S.*
α d'Andromède..	27. 40. 50 B.	27. 41. 00
α du Bélier.....	9. 57. 30 B.	9. 57. 45
Aldebaran......	5. 29. 15 A.	5. 28. 58
Rigel..........	31. 09. 10 A.	31. 09. 05
α de la Chèvre...	22. 51. 50 B.	22. 51. 40
La Polaire......	66. 04. 17 B.	66. 04. 17
α d'Orion.......	16. 03. 12½ A.	16. 03. 22½
Sirius..........	39. 32. 50 A.	39. 33. 15
Procyon........	15. 58. 00 A.	15. 58. 35
α de l'Hydre....	22. 23. 55 A.	22. 23. 50
Regulus........	0. 27. 35 B.	0. 28. 02½
α de la Vierge...	2. 01. 57½ A.	2. 02. 02½
Arcturus........	30. 54. 43 B.	30. 53. 55
Antarès.........	4. 32. 07½ A.	4. 31. 50
α de la Lyre.....	61. 45. 10 B.	61. 45. 20
α de l'Aigle.....	29. 18. 45 B.	29. 18. 55
Fomalhaut.......	21. 06. 10 A.	21. 06. 20
α du Cygne.....	59. 55. 07 B.	59. 55. 07
α de Pégase.....	19. 24. 50 B.	19. 24. 59

De la Longitude de la Lune.

Il eût été à desirer que les détails des obſervations de la longitude de la Lune & des Étoiles auxquelles on l'a comparée, aient pu précéder cette Aſtronomie Nautique Lunaire, mais il n'y a encore d'imprimé *in-folio* que juſqu'à la 231 ou 8.e lunaiſon: on verroit par-là les cauſes des négligences involontaires qui altèrent la loi de progreſſion de la dernière colonne; ſouvent un trop grand intervalle de temps écoulé à la pendule, ou la difficulté de conſtater les nuits la direction de la lunette des paſſages, relativement à la mire au défaut des Étoiles, a pu entraîner des erreurs, au moins d'une demi-minute; quelquefois on n'a pu voir le paſſage au fil central, & il a fallu l'y réduire par quelques Tables ſubſidiaires qui ne ſont jamais aſſez complètes; le cas le plus douteux eſt celui où l'on n'a pu voir, à cauſe des nuages, que la ſortie du bord de la Lune du champ du téleſcope ou lunette des paſſages; il n'eſt pas toujours de notre choix de comparer, hors du méridien, la Lune à quelqu'Étoile, comme au 10 Juin, par exemple, lorſque le Ciel s'étant découvert, on a comparé au micromètre, la Lune à l'Épi de la Vierge; ainſi la loi de progreſſion pour l'erreur des Tables, eſt quelquefois violée par l'effet des circonſtances qui ont nui à l'obſervation, & il n'y a de remède qu'en conſultant les périodes antérieures, puiſque les Tables lunaires qui ſervent aux Éphémérides, ne nous éclairent ni ſur les moyens d'y réuſſir, ni ſur l'accord général de la théorie newtonienne avec les obſervations.

Jours du mois.		TEMPS VRAI.	☾ — ☉	ARG. ANN.
ANNÉE.		H. M. S.	S. D. M.	S. D. M.
1753	8 Mai.	4. 54. 51	2. 10. 14	3. 10. 31
	9	5. 49. 55	2. 24. 13½	3. 11. 24½
	10 au soir.	6. 42. 51½	3. 08. 07½	3. 12. 17½
	12	8. 24. 29	4. 05. 26	3. 14. 04
	14	10. 04. 46	5. 01. 40	3. 15. 50
	16 centre.	11. 47. 46	5. 26. 43	3. 17. 37
93.e lunaison.	20	2. 21. 55½	7. 01. 49	3. 20. 50
	24 au matin.	5. 26. 02½	8. 18. 03+	3. 23. 47
	26	6. 51. 42	9. 11. 10½	3. 25. 32
	28	8. 20. 12½	10. 05. 07—	3. 27. 17½
	29	9. 07. 35	10. 17. 31	3. 28. 10

JOURS du mois.		LONGITUDE OBSERVÉE.	LONGITUDE CALCULÉE.	ERREUR.
ANNÉE.		D. M. S.	D. M. S.	M. S.
1753	8 Mai.	♋ 28. 37. 51	♋ 28. 38. 17½	+ 0. 26½
	9	♌ 13. 27. 46½	♌ 13. 26. 43	— 1. 03½
	10	28. 11. 18½	28. 07. 46	— 3. 32½
	12	♍ 27. 09. 45	♍ 27. 06. 36	— 3. 09
	14	♎ 25. 23. 45	♎ 25. 21. 17½	— 2. 27
	16	♏ 22. 44. 27½	♏ 22. 43. 31	— 0. 56½
	20	♑ 1. 56. 43	♑ 1. 56. 49	+ 0. 06
	24	♒ 21. 30. 09	♒ 21. 29. 39	— 0. 30
	26	♓ 16. 11. 13½	♓ 16. 11. 34	+ 0. 20
	28	♉ 11. 44. 09	♉ 11. 44. 48	+ 0. 39
	29	25. 02. 32½	25. 03. 34	+ 1. 01½

Jours du mois.		TEMPS VRAI.	☾ — ☉	ARG. ANN.
ANNÉE.		H. M. S.	S. D. M.	S. D. M.
1753 7 Juin.		5. 29. 18½	2. 21. 13−	4. 06. 07
10	Au soir.	7. 58. 28	4. 01. 45	4. 08. 46
		8. 27. 10	4. 17. 00	4. 08. 48
11		8. 47. 24	4. 14. 16−	4. 09. 38
12		9. 37. 54½	4. 26. 41	4. 10 30½
13		10. 28. 23	5. 08. 46+	4. 11. 23
94.e lunaison. 16 centre.		0. 10. 09	6. 02. 14½	4. 13. 09
19	Au matin.	2. 33. 16	7. 06. 09−	4. 15. 46+
22		4. 42. 32	8. 09. 59½	4. 18. 22½
25		6. 53. 20½	9. 15. 33	4. 21. 00⅔
28		9. 27. 05½	10. 24. 16	4. 23. 37−

JOURS du mois.	LONGITUDE OBSERVÉE.	LONGITUDE CALCULÉE.	ERREUR.
ANNÉE.	D. M. S.	D. M. S.	M. S.
1753 7 Juin.	♍ 8. 23. 13½	♍ 8. 22. 22½	— 0. 51
10	♎ 20. 58. 10	♎ 20. 56. 10	— 2. 00
	21. 13. 30	21. 12. 11	— 1. 19
11	♏ 4. 37. 06	♏ 4. 34. 54	— 2. 12
12	18. 01. 42	18. 00. 26½	— 1. 15½
13	♐ 1. 11. 10	♐ 1. 11. 09	— 0. 01
16	♐ 27. 04. 27	♐ 27. 03. 31½	— 0. 55−
19	♒ 4. 34. 09	♒ 4. 32. 36	— 1. 33
22	♓ 11. 17. 09	♓ 11. 17. 28½	+ 0. 19½
25	♈ 19. 05. 30	♈ 19. 05. 45½	+ 0. 15
28	♉ 0. 23. 20	♉ 0. 23. 52	+ 0. 32

Jours du mois.			TEMPS VRAI.	☾ — ⊙	ARG. ANN.
ANNÉE.			H. M. S.	S. D. M.	S. D. M.
1753	5 Juillet		4.09.54	2.03.52	4.29.49⅓
95.e Lunaison.	6		5.00.56	2.17.42	5.00.41½
	7		5.50.54	3.01.12½	5.01.34
	8	Au soir.	6.40.21	3.14.15+	5.02.26½
	9		7.30.08½	3.26.57	5.03.19+
	10		8.20.08½	4.09.16	5.04.12
	11		9.10.14	4.21.14½	5.05.04½
	13		10.49.05½	5.14.20—	5.06.50—
	14 centre.		11.38.01	5.25.34+	5.07.42
	18	Au matin.	1.53.39	6.28.45½	5.10.20—
	23		5.30.18	8.26.17	5.14.42
	24		6.18.38	9.08.56	5.15.35—
	25		7.10.20½	9.21.51½	5.16.27½
	27		5.11.43	10.16.52	5.18.05

JOURS du mois.		LONGITUDE OBSERVÉE.	LONGITUDE CALCULÉE.	ERREUR.
ANNÉE.		D. M. S.	D. M. S.	M. S.
1753	5 Juillet	♍ 17.56.19	♍ 17.57.01	+ 0.42
	6	♎ 2.32.56	♎ 2.33.06	+ 0.10
	7	16.42.30½	16.43.35	+ 1.04½
	8	♏ 0.31.30½	♏ 0.30.40	— 0.50½
	9	14.00.37½	13.57.57	— 2.40½
	10	27.08.50	27.08.38	— 0.12½
	11	♐ 10.04.59	♐ 10.05.49	+ 0.50
	13	♑ 5.27.47½	♑ 5.27.27½	— 0.20
	14	17.55.51	17.56.16½	+ 0.25½
	18	♒ 24.48.10	♒ 24.47.43	— 0.27
	23	♉ 26.58.51	♉ 26.58.08	— 0.43
	24	♉ 10.09.16	♉ 10.08.39	— 0.37
	25	23.49.08	23.47.28	— 1.40
	27	♊ 20.27.14	♊ 20.24.07	— 3.07

Jours du mois.		TEMPS VRAI.	☾ — ☉	ARG. ANN.
ANNÉE		H. M. S.	S. D. M.	S. D. M.
1753 4 Août.	soir.	4.34.42 $\frac{1}{2}$	2.13.10	5.25.18
5	soir.	5.26.06	2.26.19	5.26.11
96.e Lunaison. 12 centre.		11.08.15	5.18.34	6.02.23
20	Au matin.	4.17.02	8.07.54	6.08.31
22	Au matin.	5.58.55 $\frac{1}{2}$	9.03.09 $\frac{1}{2}$	6.10.17 $\frac{2}{3}$
23	Au matin.	6.54.17	9.16.28	6.11.11 $\frac{1}{2}$
26	Au matin.	9.50.42	10.28.39	6.13.52

JOURS du mois.	LONGITUDE OBSERVÉE.	LONGITUDE CALCULÉE.	ERREUR.
ANNÉE.	D. M. S.	D. M. S.	M. S.
1753 4 Août.	♎ 25.42.38 $\frac{1}{2}$	♎ 25.42.39	+ 0.00 $\frac{1}{2}$
5	♏ 9.33.44 $\frac{1}{2}$	♏ 9.33.31 $\frac{1}{2}$	— 0.13
12	♒ 8.38.10::	♒ 8.37.00	— 1.10
20	♉ 5.29.33	♉ 5.30.20	+ 0.47
22	♊ 2.15.19	♊ 2.13.13 $\frac{1}{2}$	— 2.05 $\frac{1}{2}$
23	16.18.45 $\frac{1}{2}$	16.16.18	— 2.27 $\frac{1}{2}$
26	♌ 1.26.40	♌ 1.21.22 $\frac{1}{2}$	— 5.17 $\frac{1}{2}$

Jours du mois.			TEMPS VRAI.	☾ — ☉	ARG. ANN.
ANNÉE.			H. M. S.	S. D. M.	S. D. M.
1753	4 Sept.	Au soir.	5.59.00 $\frac{1}{3}$	3.02.27	6.21.54
97.e	6		7.38.26	3.26.11 $\frac{2}{3}$	6.23.41
	8		9.12.05	4.18.52 $\frac{1}{2}$	6.25.28
Lunaison.	13 centre.		0.07.53	6.03.11	6.29.02
	17	Au matin.	3.12.12 $\frac{1}{3}$	7.19.41 $\frac{1}{2}$	7.02.36 $\frac{1}{2}$
	18		4.03.12 $\frac{1}{2}$	8.02.04	7.03.30
	20		5.51.49 $\frac{1}{2}$	8.28.09	7.05.18 $\frac{1}{2}$
	21		6.47.33	9.11.44	7.06.13

JOURS du mois.	LONGITUDE OBSERVÉE.	LONGITUDE CALCULÉE.	ERREUR.
ANNÉE.	D. M. S.	D. M. S.	M. S.
1753 4 Sept.	♐ 14.29.25 +	♐ 14.28.21 —	— 1.04 $\frac{1}{2}$
6	♑ 9.51.25	♑ 9.51.44	+ 0.19
8	♒ 4.31.38.	♒ 4.33.10 $\frac{1}{2}$	+ 1.32 $\frac{1}{2}$
13	♓ 23.36.52 $\frac{1}{2}$	♓ 23.39.06 $\frac{1}{2}$	+ 2.14
17	♉ 14.30.57	♉ 14.31.22	+ 0.25
18	27.51.08 $\frac{1}{2}$	27.49.25 $\frac{1}{2}$	— 1.43
20	♊ 25.29.44	♊ 25.29.05	— 0.39
21	♋ 9.53.59 $\frac{1}{2}$	♋ 9.51.26	— 2.33 $\frac{1}{2}$

Jours du mois.		TEMPS VRAI.	☾ — ☉	ARG. ANN.
ANNÉE.		H. M. S.	S. D. M.	S. D. M.
1753	29 Sept.	2.11.28	1.04.09⅔	7.13.27
	2 Oct.	4.50.51	2.12.26	7.16.10
	4 Au soir.	6.30.01	3.06.16	7.17.59
	5	7.16.52½	3.17.48	7.18.53
	6	8.02.04	3.29.09	7.19.47½
98.e Lunaison.	7	8.46.00	4.10.24	7.20.41½
	8	9.29.06	4.21.35½	7.21 36
	11 centre.	11.41.33	5.25.34½	7.24.19
	14 Au matin.	1.17.20½	6.19.09	7.26.08
	17	3.55.37	7.26.50	7.28.52½
	18	4.51.17	8.10.04½	7.29.47
	19	5.47.15½	8.23.37½	8.00.42½
	20	6.42.40	9.07.25	8.01.37
	21	7.37.18	9.21.23	8.02.32½

JOURS du mois.	LONGITUDE OBSERVÉE.	LONGITUDE CALCULÉE.	ERREUR.
ANNÉE.	D. M. S.	D. M. S.	M. S.
1753.29 Sept	♏ 11.08.38	♏ 11.06.30	— 2.08
2 Oct.	♐ 22.14.00	♐ 22.10.18	— 3.42
4	♑ 17.40.23	♑ 17.38.49½	— 1.33½
5	♒ 0.03.28	♒ 0.03.27½	— 0.00½
6	12.19.02½	12.19.58½	+ 0.56
7	24.32.14½	24.33.56	+ 1.41½
8	♓ 6.47.12½	♓ 6.49.01½	+ 1.49
11	♈ 14.18.25	♈ 18.19.25	+ 1.00
14	♉ 10.19.41	♉ 10.19.49	+ 0.08
17	♊ 21.14.02½	♊ 21.14.26	+ 0.23½
18	♋ 5.23.04	♋ 5.23.03	— 0.01
19	19.45.49	19.45.56½	+ 0.07½
20	♌ 4.23.40	♌ 4.21.32	— 2.08
21	19.12.49	19.09.16	— 3.33

Jours du mois.		TEMPS VRAI.	☾ — ☉	ARG. ANN.
ANNÉE.		H. M. S.	S. D. M.	S. D. M.
1753. 30 Oct.	99.e Lunaison.	3.36.16	1.21.35	8.10.48$\frac{1}{2}$
1 Nov.		5.14.37	2.15.18$\frac{2}{3}$	8.12.38$\frac{1}{2}$
4	Au soir.	7.27.57	3.19.40	8.15.23$\frac{1}{2}$
6		8.53.22	4.12.26	8.17.14
7		9.37.04	4.24.03	8.18.09
17	Au matin.	5.32.59	8.19.15	8.26.29
19		7.17.25$\frac{1}{2}$	9.17.01	8.28.20
20		8.08.26	10.00.47	8.29.15$\frac{1}{2}$
21		8.59.33	10.14.25	9.00.11$\frac{1}{2}$

JOURS du mois.	LONGITUDE OBSERVÉE.	LONGITUDE CALCULÉE.	ERREUR.
ANNÉE.	D. M. S.	D. M. S.	M. S.
1753. 30 Oct.	♐ 29.24.13	♐ 29.22.57	— 1.16
1 Nov.	♑ 24.59.32	♑ 24.58.44	— 0.48
4	♓ 1.52.54$\frac{1}{2}$	♓ 1.53.31	+ 0.36$\frac{1}{2}$
6	26.30.35	26.31.42	+ 1.07
7	♉ 9.10.58	♉ 9.11.35	+ 0.37
17	♌ 14.41.44$\frac{1}{2}$	♌ 14.40.52	— 0.52$\frac{1}{2}$
19	♍ 14.03.10	♍ 14.00.04	— 3.06
20	28.38.20	28.35.03	— 3.17
21	♎ 13.11.30	♎ 13.08.20	— 3.10

Jours du mois.		TEMPS VRAI.	☾ — ☉	ARG. ANN.
ANNÉE.		H. M. S.	S. D. M.	S. D. M.
1753, 4 Déc.		7.23.09½	3.21.04	9.12.15
100.e Lunaison. 7	Au soir.	9.40.50½	4.26.55½	9.15.03
8		10.32.39	5.09.27½	9.15.59½
16	Au matin.	5.04.46	8.14.39	9.22.32
17		5.55.37	8.28.32½	9.23.27
18		6.45.39½	9.12.13	9.24.24

JOURS du mois.	LONGITUDE OBSERVÉE.	LONGITUDE CALCULÉE.	ERREUR.
ANNÉE.	D. M. S.	D. M. S.	M. S.
1753, 4 Déc.	♈ 3.32.10	♈ 3.34.36	+ 2.26
7	♉ 12.20.04	♉ 12.19.15	— 0.49
8	26.03.47	26.02.40	— 1.07
16	♍ 9.40.48	♍ 9.38.38	— 2.10
17	24.19.09	24.15.56½	— 3.12½
18	♎ 8.43.54½	♎ 8.40.23	— 3.31½

Ces deux dernières Lunaiſons, qui ſont les 99 & 100.e n'ont pu être à beaucoup près auſſi complettes, à cauſe des mauvais temps, que la 98.e Lunaiſon; il y manque ſur-tout ce qu'il auroit fallu du moins obſerver ailleurs vers le temps de la Pleine-lune ou vers les temps de ſon oppoſition au Soleil; pour y ſuppléer, il faudra conſulter les obſervations publiées dans le recueil *in-folio* de l'année 1735 : on y trouvera pareillement les obſervations faites dans des ſaiſons plus favorables; en un mot ce qui précède la 1.re quadrature de la 100.e Lunaiſon. Nous pouvons même en donner ici les réſultats principaux.

Dans l'oppoſition, par exemple, de la Lune au Soleil ou Pleine Lune du 1.er Novembre 1735 au matin, on trouve qu'à $0^{h}\ 19'\ 4''$ de temps vrai, la diſtance de la Lune au Soleil étoit $6^{ſ}\ 03^{d}\ 55'\frac{1}{5}$, l'argument annuel $8^{ſ}\ 23^{d}\ 53'\frac{2}{3}$: or la longitude obſervée étoit alors ♉ $12^{d}\ 13'\ 52''$, & la longitude calculée ♉ $12^{d}\ 12'11''$, ce qui donne l'erreur des Tables $+\ 1'\ 41''$; cette obſervation eſt d'autant plus importante que la Lune étoit alors dans ſes moyennes diſtances, c'eſt-à-dire à $2^{ſ}\ 29^{d}\ 43'$ d'anomalie moyenne.

Semblablement le 30 Novembre au matin à $2^{h}\ 53'\ 25''$ de temps vrai, deux à trois heures avant la Pleine Lune, la diſtance de la Lune au Soleil étoit $5^{ſ}\ 28^{d}\ 36'\frac{2}{3}$, & l'argument annuel $9^{ſ}\ 19^{d}\ 55'$; or la longitude obſervée étoit alors ♊ $5^{d}\ 59'\ 52''$; & la longitude calculée ♊ $5^{d}\ 58'\ 37''$, ce qui donne l'erreur des Tables $-\ 1'\ 15''$; quelques confidérations m'ont porté néanmoins à fuppofer cette erreur de $1\frac{1}{2}$ ou $2'$ tout au plus négative : le grand nombre d'obfervations faites cette nuit-là fuffifent pour décider la queftion ; je n'ai fait ufage pour lors que des paffages vus aux fils horaires, là où il eft quelquefois difficile de bien repréfenter les cercles horaires, en faifant courir à l'autre fil perpendiculaire, l'étoile qui fe meut dans un parallèle à l'Équateur : je fuis porté à croire qu'il vaudroit mieux fe fervir des diftances qui ont été mefurées enfuite du bord de la Lune à *Aldebaran ;* les Tables donnent les mouvemens horaires de la Lune comme il fuit, favoir le 29 Novembre au paffage de la Lune par le méridien à $11^h\ 49'\ 46''$ de temps vrai, ♊ $4^d\ 10'\ 37''$, fa latitude auftrale $3^d\ 53'\ 59''$, mais à $2^h\ 53'\ 25''$ de temps vrai le jour fuivant, 30 Novembre au matin, les Tables donnent ♊ $5^d\ 58'\ 37''$ & fa latitude auftrale $4^d\ 00'\ 52''\frac{1}{2}$: la parallaxe $58'\ 20''$, qu'il fera libre d'augmenter plus ou moins, mais que j'ai fuppofée de $58'\ 35''$, fans altérer le demi-diamètre $16'\ 5''\frac{1}{2}$ tiré des Tables, puifqu'il n'y auroit à peine que 2 à $3''$ d'accroiffement fuivant les Obfervations. *Voyez page 42 du premier livre* in-folio *de l'Imprimerie du Louvre.*

ÉQUATION LUNAIRE.

Distance de la Lune au Soleil.

☊ − ☉	Sig. O	I.	II.	III.	IV.	V.	☊ − ☉
	Ajoutez en descendant.						
0	0″,0	2″,3	4″,5	5″,5	4″,5	2″,3	30
5	0,5	2,5	4,9	5,5	4,2	2,2	25
10	0,8	3,1	5,2	5,4	3,8	2,0	20
15	1,4	3,5	5,3	5,3	3,5	1,4	15
20	2,0	3,8	5,4	5,2	3,1	0,8	10
25	2,2	4,2	5,5	4,9	2,5	0,5	5
30	2,3	4,5	5,5	4,5	2,3	0,0	0
	Otez en montant.						
☊ − ☉	XI.	X.	IX.	VIII.	VII.	VI.	☊ − ☉

Cette Table peut servir à déterminer plus exactement le lieu du Soleil & son ascension droite, après que l'on aura corrigé son lieu moyen par l'équation du centre, *pages 68 & 69*, sans oublier l'effet de la nutation qui est inséré *page 72*. On peut consulter actuellement la Théorie de M. Euler, dans le VIII.[e] volume du Prix de l'Académie des Sciences, & prévoir ainsi quel doit être l'action des autres Planètes sur la Terre, dont les dérangemens peu considérables, ne sont pas encore assez constatés pour qu'on y ait égard dans le calcul de la longitude du Soleil par les Tables; au reste que peuvent signifier les équations de ceux qui ont voulu rectifier celles de M. Euler par la théorie uniquement?

Des Réfractions.

Il est très-important à la mer, d'avoir égard aux Réfractions, soit dans la recherche des latitudes par les hauteurs méridiennes, soit dans celle de l'heure vraie par quelques hauteurs aux environs du premier vertical; soit enfin dans la recherche des amplitudes: elles varient beaucoup, sur-tout aux environs de l'horizon. En 1758, on a publié à la Haye, quelques Essais sur les propriétés de la lumière, là où l'on distingue la partie variable des réfractions horizontales qu'on nomme *terrestres*, d'avec les réfractions astronomiques: on doit y avoir égard pour le nivellement. Ces sortes de distinctions d'ailleurs, n'ont point lieu dans la haute mer, ni même dans le continent lorsque l'atmosphère y acquiert sa consistance naturelle, analogue aux vents généraux qui règnent & qui influent sur nos machines usitées de Physique expérimentale.

J'avertirai cependant que la réfraction est très-variable à l'horizon, selon les climats, l'air dominant étant plus dense & plus froid vers les Pôles: en Lapponie, sous le Cercle polaire, la moyenne réfraction horizontale a paru au printemps de 35 à 36 minutes & à un degré de hauteur de 28 ½ à 29 minutes: elle excède tant soit peu celle qu'on doit attribuer à notre climat vers 48 & 49 degrés de latitude pour le niveau de la mer; on trouve d'ailleurs dans la *Préface du III.ᵉ livre des Observations de la Lune*, qu'elle étoit à Paris dans un froid ordinaire de 28′ à 28 ½ à 1 degré sur l'horizon, mais en été dans les grandes chaleurs, il y auroit environ 4 minutes de moins à cette hauteur d'un degré: au Pérou, sous l'équateur & au niveau de la mer, la réfraction horizontale n'a paru que de 27 minutes & à 1 degré de 20 minutes ½. Toute la variation en ce dernier cas, n'iroit donc qu'à 4 minutes d'ici à l'équateur & dont il faudroit diminuer la réfraction à 1ᵈ: on y trouve nos chaleurs de l'été.

Table des Réfractions aux zones tempérées.

HAUTEURS APP.	RÉFRACTIONS.		HAUTEURS APP.	RÉFRACTIONS.	
Degrés.	*Minutes.*	*Secondes.*	*Degrés.*	*Minutes.*	*Secondes.*
5	9.	55	45	0.	57 ½
10	5.	15	50	0.	47 ½
15	3.	30	55	0.	40
20	2.	35	60	0.	32 ½
25	2.	00	65	0.	26
30	1.	40	70	0.	20
35	1.	22 ½	75	0.	15
40	1.	10	80	0.	10
45	0.	57 ½	90	0.	00

Dans l'île Cayenne, par l'Étoile polaire, la réfraction a dû paroître à Richer de $15' \frac{1}{8}$ lorsqu'il a vu cette Étoile élevée de $2^d 43' 50''$, sur l'horizon : or la Table de M. Bouguer la donneroit de $13' \frac{1}{8}$ ou $13' \frac{1}{3}$, ce qui indiqueroit qu'elle représente les réfractions de la zone torride au niveau de la mer, trop petites ; outre que le baromètre étant d'un pouce moins élevé à Cayenne, qu'au bord de la mer du Sud, la différence s'accroît encore.

On trouvera à la fin du Livre des Institutions, les formules pour calculer l'aberration des Étoiles auxquelles la Lune a été comparée, soit en ascension droite, soit en longitude, &c. Voici mes Tables d'aberration des Étoiles de la 1.re grandeur, telles qu'elles furent calculées dans ces temps-là pour mon usage particulier ; on les imprimât, même de mon aveu, mais sur une copie qui ne s'est pas trouvée assez exacte, sur-tout pour l'Étoile η des Pleïades : on auroit pu compter sur celle d'*Antarès* & de la plupart des autres Étoiles.

L'échelle de Gunter, donne avec une facilité singulière, l'aberration de jour en jour pour chacune de ces Étoiles ; on porte le compas sur le sinus logarith. de 90^d & sur le *maximum* de l'aberration, savoir à l'aide de l'autre échelle des nombres : or avec la même obliquité & ouverture de compas, on trouvera l'aberration particulière à chaque jour, posant une pointe sur le sinus logarith. de la distance du lieu du Soleil au point de l'écliptique, où l'aberration est nulle & qui est donnée par les deux Tables suivantes.

On fera de même pour la nutation, on ôtera le lieu du ☊ de la Lune de l'ascension droite de l'Étoile ; s'il reste moins de 180^d, elle sera *Nord*, & au contraire.

ABERRATIONS EN ASCENSION DROITE.

NOMS des ÉTOILES.	Signes.	Degrés.	ORIENTALE.	M. S.	OCCIDENT.
α du Bélier...	♒ ♌	0 $\frac{1}{4}$	23 Octob.	0. 20,23	20 Avril.
η des Pléïades..	♒ ♌	25 $\frac{1}{3}$	17 Nov.	0. 21,17	16 Mai.
Aldebaran....	♓ ♍	7	29 Nov.	0. 20,51	28 Mai.
α de la Chèvre..	♓ ♍	15 $\frac{2}{3}$	7 Déc.	0. 28,48	6 Juin.
Rigel........	♓ ♍	16 $\frac{1}{4}$	8 Déc.	0. 20,14	7 Juin.
α d'Orion.....	♓ ♍	25 $\frac{4}{5}$	17 Déc.	0. 20,16	17 Juin.
Sirius........	♈ ♎	7 $\frac{3}{4}$	29 Déc.	0. 20,81	29 Juin.
Procyon.....	♈ ♎	20	10 Janvier	0. 19,90	12 Juillet.
α de l'Hydre...	♉ ♏	16 $\frac{1}{2}$	5 Février	0. 19,25	9 Août.
Regulus......	♉ ♏	26 $\frac{1}{2}$	15 Février	0. 19,32	19 Août.
l'Épi de la Vierge	♋ ♑	19 $\frac{1}{2}$	9 Avril.	0. 18,78	12 Octob.
Arcturus.....	♌ ♒	3 $\frac{1}{2}$	23 Avril.	0. 20,08	26 Octob.
Antarès......	♍ ♓	4 $\frac{1}{3}$	25 Mai.	0. 21,87	26 Nov.
α de la Lyre...	♎ ♈	9	30 Juin.	0. 25,47	30 Déc.
α de l'Aigle...	♎ ♈	22 $\frac{2}{3}$	15 Juillet.	0. 19,93	12 Janv.
α du Cygne...	♏ ♉	5	29 Juillet.	0. 27,13	25 Janv.
La Polaire....	♑ ♋	11 $\frac{2}{3}$	1 Octob.	8. 38,80	31 Mars.
Acharnar.....	♓ ♍	4 $\frac{1}{5}$	26 Nov.	0. 36,17	25 Mai.
Canopus......	♈ ♎	11 $\frac{1}{4}$	1 Janvier	0. 32,62	2 Juillet.
Phomalhaut...	♐ ♊	9 $\frac{1}{5}$	1 Sept.	0. 21,62	27 Février

L'ascension droite de Canopus en 1750 étoit $94^d\ 35'\ 30''$ & sa déclinaison méridionale de $52^d\ 34'\ \frac{1}{6}$: celle d'Acharnar, $58^d\ 30'\ \frac{3}{4}$: son ascension pouvoit être $22^d\ 0'$ ou $5'$.

ABERRATIONS EN DÉCLINAISON.

NOMS des ÉTOILES.	Signes	Dég.	au NORD.	M. S.	au SUD.
α du Bélier....	♒ ♌	28 ½	20 Nov.	0. 7,83	19 Mai.
η des Pléïades..	♓ ♍	12	4 Déc.	0. 4,99	2 Juin.
Aldebaran....	♒ ♌	6 ½	30 Octob.	0. 3,85	27 Avril.
α de la Chèvre.	♊ ♐	1 ½	20 Fév.	0. 8,06	25 Août.
Rigel........	♊ ♐	26	18 Sept.	0. 10,54	16 Mars.
α d'Orion	♋ ♑	2 ½	25 Sept.	0. 05,59	23 Mars.
Sirius........	♋ ♑	3 ¾	27 Sept.	0. 12,79	24 Mars.
Procyon......	♊ ♐	23 ¼	16 Sept.	0. 06,24	13 Mars.
α de l'Hydre..	♋ ♑	12	5 Octob.	0. 09,72	2 Avril.
Regulus......	♉ ♏	25	18 Août.	0. 06,81	14 Févr.
l'Epi de la Vierge	♋ ♑	25 ½	18 Octob.	0. 07,62	15 Avril.
Arcturus.....	♊ ♐	1	24 Août.	0. 12,34	19 Févr.
Antarès......	♎ ♈	0	21 Déc.	0. 03,88	21 Juin.
α de la Lyre...	♑ ♋	5	28 Sept.	0. 17,52	25 Mars.
α de l'Aigle...	♑ ♋	6 ⅔	29 Sept.	0. 10,33	27 Mars.
α du Cygne...	♑ ♋	29	22 Octob.	0. 18,00	19 Avril.
la Polaire.....	♈ ♎	9 ⅔	30 Déc.	0. 19,90	30 Juin.
Acharnar.....	♐ ♊	12 ¾	5 Sept.	0. 18,72	3 Mars.
Canopus.....	♋ ♑	3 ¾	26 Sept.	0. 19,49	23 Mars.
Phomalhaut...	♎ ♈	21	13 Juillet.	0. 10,41	11 Janv.

En 1672, le 24 & le 26 Juillet, la Polaire au-dessus du Pôle, a paru haute en l'île Cayenne de 7d 30′ 10″, l'aberration pour 65 degrés de distance du lieu du Soleil à la moyenne position de l'Étoile, étoit 18″,03 au sud, & la nutation pour 30d ou environ de distance du ☊ de la Lune à l'ascension droite de l'Étoile étoit 4″,50 nord; ainsi l'Étoile étoit en effet 13″,53 plus loin du Pôle que n'auroit donné sa position moyenne; or à la fin de l'année 1671 la nutation étant 0″ & l'aberration 20″ au nord, la moyenne distance au Pôle a été trouvée en Danemarck par Picard, de 2d 27′ 45″,6; & par conséquent à la fin de Juillet 1772, on auroit 2d 27′ 34″; or la latitude de l'île Cayenne étant, selon l'histoire céleste 4d 56′ 13″, on aura la moyenne hauteur de la Polaire au-dessus du Pôle 7d 23′ 47″ ou 40*, & l'apparente 7d 23′ 57″½; mais elle a paru ces jours-là à 7d 30′ 10″, ainsi la réfraction est . . 6′ 12″½ à cette hauteur, c'est-à-dire 0′½ plus grande que selon la Table des réfractions, construite au Pérou pour le niveau de la Mer. Cependant au même niveau à Cayenne sur la Mer du Nord, le baromètre y reste constamment un pouce plus bas qu'à la mer du Sud.

* Richer, à la Rochelle & hors du vrai Méridien.

FIN.

R.F.

TABLE DES MATIÈRES.

A

B

F

G

H

I

L

M

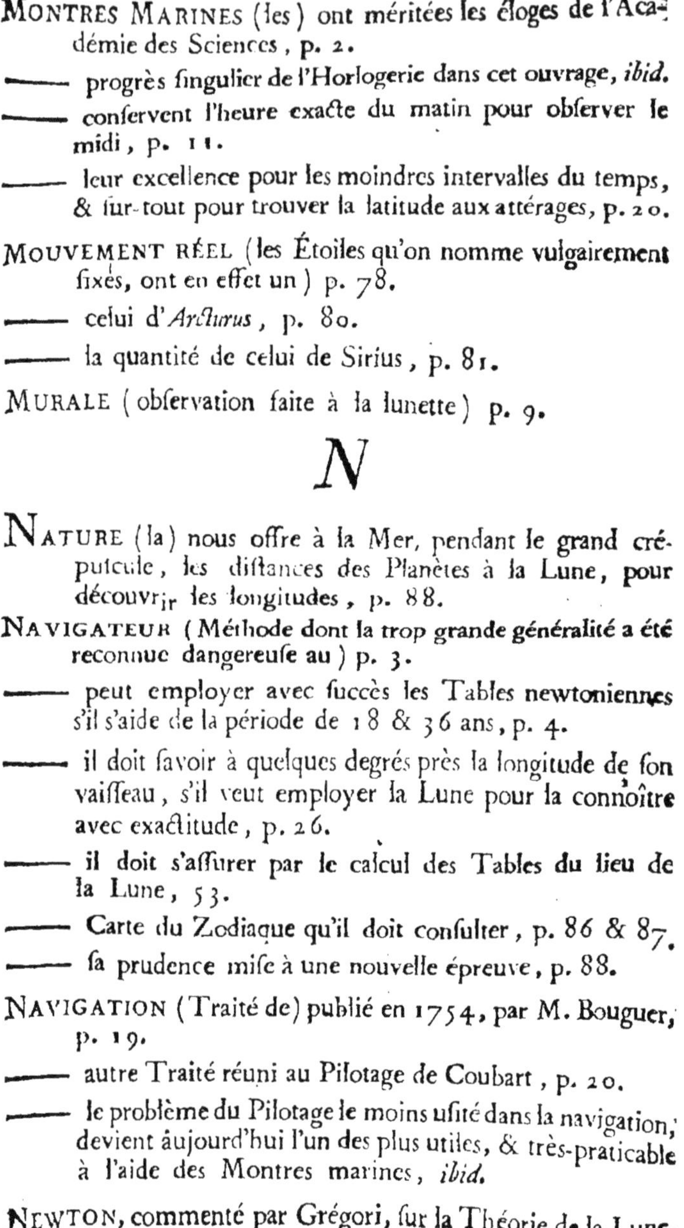

N

OFFICIERS

Q

R

S

T

V

Z

Fin de la Table des Matières.

CALCUL

DE L'ANGLE PARALLACTIQUE

Pour l'instant de l'émersion de Vénus de dessous le disque lunaire, le 27 Juillet 1753 au matin, à $5^h\ 11'\ 43''$.

L'ASCENSION droite du milieu du Ciel $24^d\ 26'\ 10''$, nous apprend que la longitude du nonagésime étoit $42^d\ 31'\ 38''$, celle de la Lune corrigée peut être admise $80^d\ 26'\ 58''$; ainsi la différence en longitude ou base du triangle sphérique rectangle, à résoudre *(page 463 des Institutions astronomiques)* sera de $37^d\ 55'\ 20''$ ou 38^d moins $\frac{1}{12}$, & parce que les mêmes Tables qui ont donné la longitude du nonagésime, indiquent sa distance au zénit de $35^d\ 36'$ moins $3''\frac{1}{3}$, on aura les deux côtés d'un triangle sphérique rectangle connu, dans lequel il faut connoître l'hypothénuse & l'angle à la Lune; on fera le rayon, est au cosinus de la base, savoir 38^d ci-dessus; ainsi le cosinus de l'autre côté $35^d\ 36'$ sera à un quatrième terme qui sera le cosinus de l'hypothénuse ou la hauteur de la Lune sur l'horizon, si elle n'avoit aucune latitude.

Prenez sur la règle de Gunter, l'intervalle de 90 degrés ou du sinus total à 52^d plus $\frac{1}{12}$, & portez cette même différence de l'antécédent à son conséquent, sur le second antécédent, savoir $54^d\ \frac{4}{10}$ qui est le complément de $35^d\ 36'$; & le deuxième conséquent ou quatrième terme, sera indiqué par l'autre pointe du compas, savoir 40^d moins $\frac{1}{10}$, ou plutôt $39^d\ 54'$; ainsi l'hypothénuse sera $50^d\ 06'$.

Pour trouver l'angle à la Lune.

On ſera le ſinus de la baſe, eſt au rayon ou ſinus de 90^d; ainſi la tangente de l'autre côté de ce même triangle ſphérique rectangle, eſt à la tangente de l'angle que forme l'hypothénuſe avec l'écliptique.

Portez la pointe du compas obliquement, depuis la tangente du ſecond antécédent 38^d juſqu'au ſinus du premier antécédent, & la même ouverture donnera pour les conſéquens depuis 90^d ſur l'échelle des ſinus, juſqu'à $40^d \frac{2}{3}$ ſur celle des tangentes, l'angle à la Lune que l'on cherche.

Enfin $49^d \frac{1}{3}$, complément de cet angle, le ſera de l'angle du vertical avec l'écliptique pour le degré de longitude qu'a la Lune, ou que l'on a ſuppoſée juſqu'ici ſans latitude.

Pour l'angle parallactique en général.

La latitude de la Lune étant donnée, on peut trouver encore le vrai angle parallactique par l'échelle de Gunter, en réſolvant un triangle dont on connoît deux côtés & l'angle compris; il vaut mieux réſoudre ce dernier par trois analogies qui renferment le ſinus total, en abaiſſant une perpendiculaire ſur l'arc de latitude prolongé.

Il faut choiſir, ſi l'on peut, les analogies qui donnent des tangentes moindres que 45 degrés.

Reprenant la figure de la *page 463* des Inſtitutions & abaiſſant du zénit, une perpendiculaire $z\pi$ ſur le cercle de latitude qui paſſe par le lieu μ de la Lune, alors

la cotangente de l'hypothénuſe $39^d\ 54'$
eſt au rayon
comme le coſinus de l'angle à la Lune ou $49^d \frac{1}{3}$
eſt à la tangente $L\pi$ que l'échelle donnera de $42^d\ 13' \frac{1}{20}$.

La longueur $\zeta\pi$ de cette perpendiculaire ſe trouvera auſſi par l'analogie ordinaire des ſinus proportionnels aux côtés qui leur ſont oppoſés.

La latitude de la Lune Lp auſtrale eſt $3^d\ 47'\frac{1}{4}$, il reſt à réſoudre un triangle rectangle dont les deux côtés ſont connus.

On ſait d'abord que le rayon eſt au coſinus d'un des côtés, comme le coſinus de la perpendiculaire eſt au coſinus de l'hypothénuſe ; c'eſt-à-dire que R : ſin. de $43^d\ 59'\frac{2}{3}$: : ſin. $60^d\ 1'$: ſin. de $36^d\ 59'$, complément de la diſtance de la Lune au zénit.

Enfin pour avoir l'angle parallactique, on fera ſin. $p\pi$: rayon : : tang. $\zeta\pi$: tang. p, ou bien ſin. $46^d\ 0'\frac{1}{3}$: ſin. 90^d : : tang. $29^d\ 59'$: tang. $38^d\ 43'\frac{1}{2}$, qui ſera l'angle parallactique que l'on cherche.

On opérera comme ci-deſſus à l'aide d'une échelle de Gunter, bien diviſée.

www.ingramcontent.com/pod-product-compliance
Ingram Content Group UK Ltd.
Pitfield, Milton Keynes, MK11 3LW, UK
UKHW021042230726
13926UKWH00004B/1614